ARCHIV
FÜR
GEFLÜGELZUCHT
UND
KLEINTIERKUNDE

1963 · 12. Band

Inhaltsverzeichnis

Autorenverzeichnis

Sachverzeichnis

DEUTSCHE DEMOKRATISCHE REPUBLIK
DEUTSCHE AKADEMIE
DER LANDWIRTSCHAFTSWISSENSCHAFTEN ZU BERLIN

ARCHIV FÜR GEFLÜGELZUCHT UND KLEINTIERKUNDE

Begründet als
„ARCHIV FÜR GEFLÜGELKUNDE"
im Jahre 1926
von Jan Gerriets

12. BAND · HEFT 1 · 1963

AKADEMIE-VERLAG · BERLIN

INHALTSVERZEICHNIS

Das Archiv für Geflügelzucht und Kleintierkunde erscheint in einzelnen Heften mit einem Umfang von je 4 Druckbogen. Die Hefte, die innerhalb eines Jahres herauskommen, bilden einen Band. Das letzte Heft des Bandes enthält Inhalts-, Autoren- und Sachverzeichnis.
Es werden nur Manuskripte angenommen, die bisher noch in keiner anderen Form im In- oder Ausland veröffentlicht worden sind. Der Umfang soll nach Möglichkeit 1½ Druckbogen (etwa 35 Schreibmaschinenseiten) nicht überschreiten.
Die Autoren erhalten Umbruchabzüge mit befristeter Terminstellung, bei deren Überschreitung durch den Autor von der Redaktion Imprimatur erteilt wird. In den Fällen, in denen die Lesung durch den Autor (Ausländer) auf sehr große Schwierigkeiten stößt oder sehr zeitraubend wäre, wird die Prüfung durch die Schriftleitung vorgenommen.

Jeder Autor erhält von der Akademie unentgeltlich 100 Sonderdrucke und ein Honorar von 40,— DM für den Druckbogen. Das Honorar schließt auch die Urheberrechte für das Bildmaterial ein. Dissertationen, auch gekürzte bzw. geänderte, werden nicht honoriert.
Jeder Arbeit muß vom Autor eine Zusammenfassung der wichtigsten Ergebnisse beigegeben werden. Sofern er in der Lage ist, soll er diese gleich übersetzt in russisch und englisch bzw. in einer dieser Sprachen liefern. Gegebenenfalls wird die Übersetzung in der Akademie vorgenommen.
Bezugspreis je Heft (etwa 64 Seiten) 5,— DM.
Herausgeber: Deutsche Demokratische Republik. Deutsche Akademie der Landwirtschaftswissenschaften zu Berlin. Chefredakteur: Prof. Dr. phil. Dr. agr. h. c. Dr. med. vet. h. c. Jan Gerriets, ehem. Direktor des Instituts für Kleintierzucht der Humboldt-Universität zu Berlin. Redaktion: Dr. G. Pritsch, Institut für Geflügel- und Pelztierzucht der Humboldt-Universität zu Berlin, Berlin N 4, Invalidenstraße 42. Verlag: Akademie-Verlag GmbH., Berlin W 8, Leipziger Straße 3—4. Fernruf 220441. Telex-Nr. 011773. Postscheckkonto: Berlin 35021. Bestellnummer dieses Heftes: 1041/XII/1. Veröffentlicht unter der Lizenznummer 1277 des Presseamtes beim Vorsitzenden des Ministerrates.
Gesamtherstellung: VEB Druckerei „Thomas Müntzer" Bad Langensalza.

DEUTSCHE DEMOKRATISCHE REPUBLIK
DEUTSCHE AKADEMIE
DER LANDWIRTSCHAFTSWISSENSCHAFTEN ZU BERLIN

ARCHIV
FÜR
GEFLÜGELZUCHT
UND
KLEINTIERKUNDE

Begründet als
„ARCHIV FÜR GEFLÜGELKUNDE"
im Jahre 1926 von Jan Gerriets

Chefredakteur
Prof. Dr. phil. Dr. agr. h. c. Dr. med. vet. h. c. Jan Gerriets
ehem. Direktor des Instituts für Kleintierzucht
der Humboldt-Universität Berlin

12. BAND · HEFT 1 · 1963

AKADEMIE-VERLAG · BERLIN

ARCHIV FÜR GEFLÜGELZUCHT UND KLEINTIERKUNDE
11. BAND 1962

Jahresinhaltsverzeichnis 11. Band 1962

Inhaltsverzeichnis

Seite

Sachverzeichnis

Autorenverzeichnis

Aus dem Institut für Tierzucht der Friedrich-Schiller-Universität
(Direktor: Prof. Dr. Dr. h. c. F. HOFMANN)

F. HOFMANN, K. LÖHLE, D. MULSOW und W. RICHTER

Bericht über die Leistungen einer Hy-Line-Herde im VE Lehr- und Versuchsgut Altenberga 1960/61

Eingegangen: 12. 10. 1962

Zur Leistungssteigerung der Geflügelbestände gibt es zwei Wege. Erstens die Verbesserung der Leistungsveranlagung durch züchterische Arbeit und zweitens die optimale Gestaltung der Umweltbedingung wie Haltung und Fütterung. Höchstleistungen sind nur durch Beachtung beider Wege möglich. In den letzten Jahren sind besonders auf züchterischem Gebiet große Fortschritte erzielt worden. Analog der Inzucht-Heterosis-Züchtung beim Mais, wurden in den USA Hybridhühner geschaffen, die zuerst unter dem patentierten Namen Hy-Line in den Handel gebracht worden sind. Dieses sehr aufwendige Zuchtverfahren ist neuerdings durch wirtschaftlichere Zuchtverfahren, wie Linien- und Stammkreuzungen, ersetzt worden. Seit Jahren haben diese Hybridhühner in ausländischen Leistungsprüfungen ihre guten Leistungseigenschaften bewiesen. In Westeuropa werden die Hybridhühner von amerikanischen und anderen Firmen angeboten und sind von westdeutschen Zuchtbetrieben übernommen worden. Es erschien interessant, die Leistungsfähigkeit der Hybridhühner auch unter unseren Bedingungen zu überprüfen.

Im Jahre 1960 war es durch die maßgebliche Unterstützung des Ministeriums für Landwirtschaft, Erfassung und Forstwirtschaft möglich, Hy-Line-Eier zu importieren. In Altenberga wurden 900 Hy-LineEier erbrütet. Es wurde ein Schlupfergebnis von 82.4% der eingelegten Eier erreicht, das entspricht 741 geschlüpften Küken. Von diesen Tieren wurden 24 als lebensschwach und 6 wegen Beinverkrümmung gemerzt, so daß 711 Küken zur Aufstallung gelangten. In den ersten 5 Lebenstagen erfolgte die Aufzucht in Batterien, hierauf bis zum Alter von 10 Wochen auf Tiefstreu. Während der 10-wöchigen Aufzuchtperiode traten 27 Verluste auf, welche folgende Ursachen hatten:

21 Kokzidiose
1 erdrückt
2 Dickdarmentzündung
1 Bluter
2 Kannibalismus

27 Verluste

Diese Zahl entspricht 3,8% der eingestallten Tiere. Die weitere Aufzucht bis zur 21. Lebenswoche erfolgte auf der Junghennenweide. Nach Absonderung der Hähne verblieben 288 weibliche Tiere. Von diesen 288 Hennen wurden 20 Tiere in 2 Prüfungsgruppen in der Hühnerleistungsprüfungsanstalt Altenberga geprüft, die restlichen 268 Hennen standen vom 15. September 1960 bis 15. September 1961 in einer Herde unter Kontrolle.

In der nachfolgenden Tabelle sind Legeleistung und Futteraufwand je 100 g Eimasse für die einzelnen Monate der Leistungskontrolle aufgeführt. Die Berechnung der angegebenen Werte erfolgte nach Hennenfuttertagen.

Legeleistung und Futteraufwand je 100 g Eimasse in den einzelnen Prüfungsmonaten

Legeabschnitte	Ø Legeleistung je Henne			Legeleistung der Herde	Futter-aufwand je 100 g Eimasse
	Eizahl Stck.	Eimasse g	Ø Eigewicht g	%	g
15.—30. Sept.	3,4	171,1	50,0	21,4	866,7
1.—31. Okt.	14,5	826,2	56,8	46,9	422,1
1.—30. Nov.	15,6	908,3	58,2	52,0	372,3
1.—31. Dez.	20,2	1194,7	59,0	65,3	318,8
1.—31. Jan.	21,2	1273,0	59,9	68,5	337,4
1.—28. Febr.	21,5	1323,6	61,4	76,9	299,1
1.—31. März	24,2	1496,5	61,7	78,2	287,8
1.—30. April	23,2	1444,0	62,2	77,4	264,7
1.—31. Mai	22,7	1436,0	63,2	73,3	286,9
1.—30. Juni	20,6	1320,4	64,0	68,8	282,4
1.—31. Juli	19,1	1223,2	64,1	61,6	313,5
1.—31. Aug.	18,9	1227,6	64,9	61,0	306,6
1.—15. Sept.	8,8	566,4	64,6	58,4	289,9
gesamte Prüfung	234,2	14287,2	61,4	63,6	308,3

Die Hy-Line-Herde erreichte in 365 Tagen eine durchschnittliche Legeleistung von 234,2 Eiern, die Ø erzeugte Eimasse betrug 14287 g, das Durchschnittseigewicht 61,4 g. Die höchste Legetätigkeit wurde mit 78,2% im Monat März erreicht. Der Futteraufwand je 100 Eimasse belief sich auf 308,3 g.

Die Gewichtsentwicklung der Hy-Line-Herde wird in folgender Tabelle veranschaulicht:

Körpergewichte der Hy-Line-Hennen während der Leistungsüberprüfung

	Ø Gewicht	Ø Zunahme (+) Abnahme (—)	Variationsbreite des Körpergewichtes
Einstallung	1483,3	—	890—1730
Dezember	1752,3	+ 349,0	1205—2320
Februar	1849,1	+ 96,8	1285—2340
Mai	1914,7	+ 65,6	1130—2460
Juli	1876,4	— 38,3	1165—2470
Prüfungsende	1811,0	— 65,4	1235—2350

Aus der Tabelle ist zu ersehen, daß die Hennen zu Beginn der Prüfung hohe Körpergewichtszunahmen aufwiesen; am Prüfungsende war ein schwacher Rückgang des Körpergewichtes zu verzeichnen. Die durchschnittliche Gewichtszunahme während der gesamten Prüfungsdauer betrug 327,7 g. Bemerkenswert erscheint die hohe Schwankungsbreite der Einzelgewichte, die zum Teil weit über 1000 g liegt.

Während der Legeperiode traten 46 Verluste auf, das sind 17,2% der eingestallten Tiere. Nachfolgende Tabelle zeigt die Verteilung der Verluste auf die einzelnen Monate der Prüfung:

Verluste der Hy-Line-Herde während der Prüfungszeit

	in Stück	in % der Gesamtverluste	in % der eingestallten Tiere
September	—	—	—
Oktober	5	10.87	1,87
November	3	6,52	1,12
Dezember	8	17,39	2,98
Januar	4	8,70	1,49
Februar	4	8,70	1,49
März	4	8,70	1,49
April	3	6,52	1,12
Mai	3	6,52	1,12
Juni	7	15,22	2,61
Juli	2	4,35	0,75
August	1	2,17	0,37
September	2	4,35	0,75
gesamte Prüfung	46	100,00	17,20

Die höchsten monatlichen Verluste waren im Dezember und im Juni zu verzeichnen. Bei den am Prüfungsbeginn und am Prüfungsende durchgeführten Pullorumuntersuchungen konnten in der Hy-Line-Herde keine positiv reagierenden Tiere festgestellt werden.

Bei der Auswahl der beiden Hy-Line-Stämme für die Prüfung in der HPA Altenberga wurde so verfahren, daß eine Gruppe aus leichteren Tieren (Ø-Gewicht = 1423 g) und die andere Gruppe aus schweren Tieren (Ø-Gewicht = 1675 g) bestand. Die von den Hy-Line-Hennen erzielten Leistungen sind aus der folgenden Aufstellung zu entnehmen:

Leistungen der beiden Hy-Line-Stämme während der Leistungsprüfung 1960/1961

	Ø Eizahl	Ø Eigewicht	Ø Futteraufwand je 100 g Eimasse
leichte Gruppe	230,8	59,8	322
schwere Gruppe	265,5	62,6	298

In den einzelnen Monten der Prüfung waren die Leistungen der leichteren Gruppe stets etwas niedriger als die der schweren Gruppe. In der folgenden Tabelle ist den Leistungen der beiden HPA-Stämme die Leistung der Hy-Line-Herde gegenübergestellt. Es ist zu berücksichtigen, daß die Hy-Line-Herde unter anderen fütterungs- und haltungsmäßigen Verhältnissen geprüft wurde als die beiden Stämme; ein direkter Vergleich ist deshalb nicht möglich. Die Leistung der Herde ist auf 350 Tage (Prüfzeitraum der HPA) berechnet.

Leistungsvergleich Hy-Line-Herde zu HPA-Line-Prüfungsgruppen

	Hy-Line-Herde 268 Tiere ∅ Gew. 1483 g		Stamm HPA ∅ Gew. = 1675 g		Stamm HPA ∅-Gew. = 1423 g	
	Eizahl je Henne	∅ Eigew. g	Eizahl je Henne	∅ Eigew. g	Eizahl je Henne	∅ Eigew. g
Oktober	14,5	56,8	18,5	53,8	15,7	51,4
November	15,6	58,2	21,5	58,3	19,4	55,9
Dezember	20,2	59,0	27,4	60,9	24,9	58,2
Januar	21,2	59,9	24,5	63,9	22,7	59,9
Februar	21,5	61,4	20,6	64,2	20,9	61,4
März	24,2	61,7	24,4	63,7	23,6	61,4
April	23,2	62,2	24,7	64,5	20,0	60,9
Mai	22,7	63,2	27,3	64,6	23,7	61,6
Juni	20,6	63,9	24.3	64,7	18,1	60,7
Juli	19,1	64,1	22,5	62,6	19,8	61,2
August	18,9	64,9	21,8	65,3	15,5	62,5
September	8,8	64,6	8,0	65,2	6,5	62,9
	230,5	61,4	265,5	62,7	230,8	59,8

Aus der Aufstellung ist ersichtlich, daß die Hy-Line-Herde die gleiche ∅ Eizahl je Henne erreichte wie die leichte Gruppe der in der HPA Altenberga geprüften Hy-Line-Stämme, Lediglich in den ersten Monaten der Prüfung zeigte die HPA-Gruppe eine höhere Legeleistung, was sicher auf die günstigeren Bedingungen in der Prüfungsanstalt zurückzuführen ist. Die Durchschnittsleistung beider HPA-Gruppen lag um 18 Eier über der Leistung der Hy-Line-Herde.

Stellt man der Legeleistung der beiden Hy-Line-Stämme den 6jährigen Durchschnitt der seit 1954/55 in der HPA Altenberga geprüften Leghornhennen gegenüber, so erreichten die Hy-Line-Stämme eine um 50 Eier höhere Legeleistung (vgl. nachfolgende Tabelle).

Legeleistung der Hy-Line-Stämme 1960/61 und 6jähriger ∅ der Leghornhennen

		Tierzahl	∅-Legeleistung
Hy-Line	Prüfung 1960/61	20	248,1
Leghorn	Prüfung 1954/55—60/61	564	198,0

Das gleiche Bild ergibt sich, wenn man alle 1960/61 in Prüfungsanstalten der DDR geprüften Hy-Line-Stämme betrachtet. So wurden 1960/61 in 4 Prüfungsanstalten 7 Gruppen Hy-Line geprüft, von denen 6 die Prüfung ohne Tierverluste beendeten.

Stellt man diesen 6 Gruppen die besten Leghorngruppen gegenüber, die die Prüfung ebenfalls ohne Verluste beendeten, so ergibt sich folgendes Bild:

Legeleistung der 1960/61 geprüften Hy-Line und Leghornhennen
(Prüfungsgruppen ohne Tierverluste)

	Hy-Line		Leghorn	
	Tierzahl	Eizahl	Tierzahl	Eizahl
HPA Altenberga	10	265,5	10	239,1
	10	230,8	10	230,4
	Ø =	248,1	Ø =	234,7
HPA-Blumberg	10	284,9	10	224,3
	10	266,3	10	218,8
	Ø =	275,6	Ø =	221,5
HPA Merbitz	10	251,7	10	243,9
HPA Schlobachshof	10	254,7	10	233,5
alle Gruppen	60	1553,9	60	1390,0
	Ø =	258,9	Ø =	231,6

Unter gleichen Haltungs- und Fütterungsbedingungen erzielten die 60 kontrollierten Hy-Line-Hennen eine um 27,3 Eier höhere Legeleistung als die 60 Leghornhennen der besten Stämme. Die gute Leistungsveranlagung der Hy-Line wird auch daran deutlich, daß sich 6 der 7 geprüften Hy-Line-Gruppen unter den 8 besten Gruppen des Prüfungsjahres befanden. Sie wurden in ihrer jeweiligen Prüfungsanstalt von keiner anderen Gruppe übertroffen.

Die hier aufgeführten Beispiele zeigen die hohe Leistungsveranlagung der Hy-Line-Hennen. Wenn auch die Zahl der geprüften Tiere als Vergleichsmaterial gering erscheint, so sprechen doch die ausgeglichen hohen Leistungen für die Qualität der Hybridhühner. Die Überlegenheit der Hy-Line-Hennen wird noch deutlicher, wenn man bedenkt, daß unsere in den Leistungsprüfungsanstalten geprüften Tiere ausgesuchte Stammtiere sind, während die Hy-Line reine Gebrauchstiere darstellen, die in großer Zahl zur Eiererzeugung Verwendung finden können.

Vergleicht man die Leistungen in der Landeszucht mit den Ergebnissen der Leistungsprüfungen, so wird der große Unterschied zwischen den Leistungen unserer Zucht- und Gebrauchstiere (Angaben dem Stat. Jahrbuch entnommen) recht deutlich: (Siehe Tabelle auf Seite 8)

Aus dieser Gegenüberstellung ist ersichtlich, daß die Ergebnisse der Leistungsprüfungsprüfungen um ca. 70 Eier über dem Landesdurchschnitt liegen. Es ist nicht anzunehmen, daß dieser Leistungsunterschied allein auf die erbliche Veranlagung zurückzuführen ist; denn oft sind in der breiten Landeszucht noch ungünstige Stallungs- und Fütterungsbedingungen zu finden, die eine volle Ausschöpfung der Leistungsveranlagung nicht zulassen. Vergleicht man die Legeleistung der in Altenberga gehaltenen Hy-Line-Herde mit den in der HPA Altenberga geprüften

Leistungsvergleich Landesdurchschnitt —
Ergebnisse der Hühnerleistungsprüfungen

∅-Landeszucht der DDR		∅-Leghorn in HPA geprüft	
Jahr	∅-Eizahl	Prüfungsjahr	∅-Eizahl
1955	106*	1954/55	198,8
1956	120*	1955/56	192,0
1957	132*	1956/57	210,7
1958	132*	1957/58	219,3
1959	132*	1958/59	211,8
1960	135*	1959/60	197,9
		1960/61	206,5

* In diesen Zahlen sind selbstverständlich auch die Leistungen der Zuchttiere enthalten. Ihre Zahl ist jedoch gering, so daß ihr Einfluß auf die Durchschnittsleistung unberücksichtigt bleibt.

Hy-Line-Gruppen, so ist ein Unterschied in der Legeleistung je Henne von 18 Eiern festzustellen. Dabei ist die Hy-Line-Herde unter Bedingungen gehalten worden, die der Praxis entsprechen. Zur Verfütterung gelangte nur das im Handel erhältliche Mischfutter und im Betrieb erzeugte Futtermittel. Die Ergebnisse der Hy-Line-Herde zeigen also, daß die Hybridhühner auch unter den Bedingungen der Praxis zu hohen Leistungen befähigt sind.

Umso erfreulicher ist es, daß auch in der DDR mit der Zucht von Linienhybriden begonnen worden ist. Auch durch diese Maßnahme ist eine weitere Steigerung der Legeleistung je Huhn möglich.

Zusammenfassung

1. Im VE Lehr- und Versuchsgut Altenberga wurde vom 15. 9. 60 bis 15. 9. 61 eine Herde von 268 Hy-Line-Hennen unter Kontrolle gehalten. Unter Bedingungen der Praxis wurde je Huhn eine Durchschnittsleistung von 234 Eiern bei einem ∅ Eigewicht von 61,4 g und einem ∅ Futteraufwand je 100 g Eimasse von 308 g erreicht.
2. Im gleichen Zeitraum wurden in der Hühnerleistungsprüfungsanstalt Altenberga 20 Hy-Line-Hennen der gleichen Population in 2 Gruppen geprüft. Sie erreichten eine ∅ Leistung von 248 Eiern und damit eine um 50 Eier höhere Legeleistung als die 564 bisher in der HPA Altenberga geprüften Leghornhennen (6jähriger Durchschnitt).
3. Ein Vergleich der Legeleistung der in den HPA geprüften Leghornhennen mit der von Tieren der Landesgeflügelzucht erzielten ergibt ein um ca. 70 Eier höheres Ergebnis der HPA-Tiere. Die Legeleistung der in Altenberga unter den Bedingungen der Praxis gehaltenen Hy-Line-Herde war nur um 18 Eier niedriger als die der in der HPA Altenberga geprüften Hy-Line-Hennen aus der gleichen Population.
4. Die Hy-Line-Herde brachte auch unter Bedingungen der Praxis hohe und ausgeglichene Leistungen. Die Haltung von Hybridhühnern läßt eine erhebliche Steigerung der Legeleistung erwarten.

Резюме

1. В учебно-опытном хозяйстве Альтенберга с 15 8. 60 по 15. 9. 61 г. содержалось под контролем стадо, состоящее из 268 кур породы Hy-Line. В условиях практики с каждой курицы была достигнута средняя продуктивность в 234 яйца со средним весом яйца 61,4 г., при средней затрате кормов в 308 г. на 100 г. яичной массы.
2. В тот же период в Станции контроля продуктивности кур Альтенберга испытывалось 20 кур породы Hy-Line одной и той же популяции в двух группах. Ими была достигнута средняя продуктивность в 248 яиц и тем самым на 50 яиц больше продуктивности 564 куры породы леггорн (в среднем 6 лет), испытанных в Станции контроля продуктивности кур Альтенберга.
3. Сопоставление носкости кур породы леггорн, испытанных в Станции контроля по продуктивности, с носкостью птиц других птицеводческих хозяйств, выявляет повышенный результат примерно на 70 яиц, полученный птицами Станции контроля по продуктивности. Носкость кур породы Hy-Line, содержавшихся в Альтенберге в условиях практики, была лишь на 18 яиц ниже носкости кур той же популяции породы Hy-Line, испытанных в Станции контроля продуктивности кур Альтенберга.
4. Стадо Hy-Line и в условиях практики дало высокую и уравновешенную продуктивность. От содержания гибридных кур можно ожидать значительного повышения носкости.

Summary

1. In the nationally owned instruction and testing farm Altenberga a covey of 268 Hy-Line-hens was kept under control from Aug. 15th 1960 to Sept. 15th 1961. Under the conditions of practice an average performance of 234 eggs with an average egg-weight of 61.4.g and an average fodder of 308 g per 100 g egg-mass was achieved per hen.
2. In the same period 20 Hy-Line-hens of the same population have been tested in two groups at the hen performance testing institution Altenberga. They achieved a performance of 248 eggs and thus by 50 eggs a higher performance than the 564 Leghorn-hens hitherto tested in this institution of Altenberga (6-year-old average).
3. A comparison of the performance of the Leghorn-hens tested at the Altenberga testing institution with the one of the countypoultry-farming shows a result by 70 eggs higher of the animals of the testing institution. The performance of the Hy-line-covey of Altenberga kept under the conditions of practice was only by 18 eggs lower than the one of the Hy-Line-hens from the same population at the Altenberga testing institution.
4. The Hy-Line-covey also under the conditions of practice had a high and equal performance. The keeping of hybrid-hens lets expect a remarkable increase of the performance.

Verfasser: Prof. Dr. Dr. h. c. F. HOFMANN, Dr. K. CÖHLE, Dipl. agr. DAGMAR MULSOW und Dipl. agr. W. RICHTER Jena, Fritz-Krieger-Str. 1

Aus dem Institut für Geflügel- und Pelztierzucht der Humboldt-Universität zu Berlin
(Direktor: Prof. Dr. F. LÜTZENBERG)

H. PINGEL

Gedanken zur Verbesserung der Versuchsmethodik bei praktischen Fütterungsversuchen mit Legehennen

Eingegangen: 6. 4. 1962

Die Durchführung von praktischen Fütterungsversuchen bleibt nach wie vor eine wichtige Aufgabe aller Tierzuchtinstitute. Wenn es beim praktischen Fütterungsversuch auch nicht um ernährungsphysiologische Prozesse geht, so doch um die Wirkung bestimmter Futterstoffe oder Fütterungsregime auf die Leistungseigenschaften. Auch der praktische Fütterungsversuch verlangt deshalb exakte Planung, Durchführung und Auswertung.

Eine Grundvoraussetzung für den Erfolg eines Versuches ist seine Planung unter Berücksichtigung der späteren Auswertungsmöglichkeit. Vor allem interessiert bei Legehennenversuchen der Aussagewert für Legeleistung und Futterverwertung. Eine exakte Ermittlung dieser Kriterien während des Versuchsablaufes ist selbstverständlich. Hinsichtlich der Auswertung genügt es jedoch nicht, nur die Durchschnittsresultate zweier oder mehrerer Gruppen gegenüberzustellen, weil dabei nicht die Variabilität innerhalb der Versuchsgruppen berücksichtigt wird. Aus solchen Ergebnissen gezogene Schlußfolgerungen können bei Wiederholungen oft nicht bestätigt werden. Ferner sind durch die allgemeine Leistungssteigerung in der Tierzucht heute die Versuchsunterschiede geringer und verlangen genauere Berechnungsmethoden für ihre Beurteilung.

Um die starke Variabilität der Legeleistung einzuschränken, wurde bei den seit 1958 durchgeführten praktischen Fütterungsversuchen mit Legehennen nicht mehr das Einzeltier und damit die Einzelleistung, sondern die Untergruppe und damit die Untergruppenleistung als kleinste Versuchseinheit betrachtet. Durch die Bildung von Untergruppen können auch im Verlauf des Versuches eingegangene Hennen für die Auswertung berücksichtigt werden, wenn die Leistung der Untergruppe auf der Grundlage der Hennenfuttertage berechnet wird. Außerdem wird wohl der größte Nachteil der bisherigen Fütterungsversuche mit Geflügel beseitigt, der darin bestand, daß für den Vergleich der Futterverwertung nur Durchschnittswerte zur Verfügung standen, wohingegen jetzt für jede Untergruppe neben der Legeleistung auch der Wert für Futterverbrauch und -verwertung erscheint.

Im Hinblick auf die Verbesserung der Versuchsmethodik bei praktischen Fütterungsversuchen mit Geflügel sind in den letzten Jahren wiederholt Vorschläge geäußert worden. SCHOLTYSSEK und FISCHER (1960) befürworten die Bildung von Untergruppen, um dann die Untergruppenergebnisse für die biometrische Auswertung heranzuziehen. Sie empfehlen als Untergruppengröße bei Bodenhaltung 10 bis 25 Legehennen und als Anzahl der Untergruppe je Versuchsgruppe mindestens vier. Auch ATKINSON und Mitarbeiter (1958) kommen auf Grund der Feststellung, daß die Variation zwischen den Gruppen ein besseres Maß für den Versuchsfehler ist, als die Variation zwischen Einzeltieren, zu der Schlußfolgerung, künftig innerhalb der Versuchsgruppen Untergruppen zu schaffen. Die Zahl der Tiere je Untergruppe bei Wachstumsversuchen soll mindestens 5 je Geschlecht betragen. SCHOLTYSSEK (1961) berichtet von der kalifornischen Mastleistungsprüfung, daß dort jede Herkunft in je 6 Untergruppen zu 75 Tieren unter den Bedingungen der Bodenhaltung eingeteilt wird.

Da ein Fütterungsversuch nur die Futterwirkung prüfen soll ohne Beeinflussung durch andere Umweltfaktoren, ist hierfür am besten die Käfighaltung geeignet. Aus dem Grunde wurde in der Lehr- und Versuchsstation Blumberg II des Instituts für Geflügel- und Pelztierzucht der Humboldt-Universität zu Berlin eine Versuchsabteilung für Fütterungsversuche mit Legehennen unter den Bedingungen der Einzelkäfighaltung und Einzelfütterung geschaffen. Dabei sollte in erster Linie die Mindestgröße einer Untergruppe und gleichzeitig die Mindestanzahl an Untergruppen je Versuchsgruppe ermittelt werden. Bei der Feststellung des erforderlichen Umfanges der Untergruppen wurde festgelegt, daß die Variabilität in den Eigenschaften Legeleistung und Futterverwertung soweit zu verringern ist, daß die Standardabweichung nicht mehr als 15% des Mittelwertes beträgt.

Zur Klärung dieser Frage wurden 68 New Hampshire-Hennen des Legejahres 1959/60 auf der Grundlage der vollendeten Leistung (Legejahr 350 Tage) nacheinander zu verschieden großen Gruppen zusammengefaßt, und zwar zu 1, 2, 3, 4, und 8 Tieren je Gruppe. Für jede genannte Gruppengröße wurde für die prozentuale Legeleistung und für den Futterverbrauch je 100 g Eimasse einschl. Zunahme des Körpergewichts der Mittelwert ($\bar{x}$), die Streuung (s) und der Variationskoeffizient (v) errechnet. Die Ergebnisse sind aus folgender Tabelle ersichtlich:

Tabelle 1

Die Streuung der prozentualen Legeleistung und der Rohverwertung bei verschiedener Untergruppengröße

Tierzahl je Untergruppe	Anzahl der Untergruppen	Prozentuale Legeleistung			Rohverwertung		
		$\bar{x}$	s	v	$\bar{x}$	s	v
1	68	54,93	14,13	25,72	432,24	191,61	44,3
2	34	55,04	8,74	15,88	407,66	65,07	15,96
3	22	54,75	7,51	13,72	411,44	55,23	13,42
4	17	55,33	6,72	12,15	406,74	41,36	10,17
8	8	54,49	5,45	10,90	406,93	31,68	7,79

Die Tabelle zeigt eindeutig bei beiden Eigenschaften die Verringerung der Streuung und des Variationskoeffizienten mit zunehmender Tierzahl je Untergruppe. Bei der Zusammenfassung von 3 Tieren der Untergruppe bleibt der Variationskoeffizient schon unter der gewünschten Grenze von 15.

Im folgenden werden für die prozentuale Legeleistung und die Rohverwertung die Mittelwerte ($\bar{x}$), die Streuungen (s) und die Variationskoeffizienten (v) der New Hampshire-Hennen aus dem Legejahr 1958/59 mit 3 Tieren je Untergruppe und aus dem Legejahr 1960/61 mit 4 Tieren je Untergruppe angegeben. In jedem Fall handelt es sich um 16 Untergruppen.

Tabelle 2
Die Streuung der prozentualen Legeleistung und Rohverwertung bei einer Untergruppengröße von 3 bzw. 4 Tieren

	Prozentuale Legeleistung			Rohverwertung		
	x	s	v	x	s	v
3 Tiere je Untergruppe	63,15	5,72	9,05	393,3	30,7	7,81
4 Tiere je Untergruppe	65,13	5,85	8,98	387,6	45,8	11,82

Auch diese Tabelle zeigt, daß eine Untergruppengröße von 3 bis 4 Tieren unter den Bedingungen der Käfighaltung für die gewünschte Verringerung der Variabilität in den Eigenschaften prozentuale Legeleistung und Rohverwertung genügt. Die Variationskoeffizienten bewegen sich zwischen 11,82 und 7,81.

Der Gedanke der Unterteilung von Versuchsgruppen in Untergruppen sollte auch für Versuche in Bodenhaltungen aufgenommen werden. Allerdings muß dabei für jede Untergruppe ein eigenes Abteil zur Verfügung stehen, so daß sich schon daraus eine Mindestgröße von 15 bis 20 Tieren je Untergruppe ergibt. Dieser Umstand ist besonders im Hinblick auf die Aussagefähigkeit des randoom sample test in der Hühnerleistungsprüfung zu beachten.

Ein kritisches Problem ist die Mindestzahl der Untergruppen je Versuchsgruppe. Ist sie zu klein, besteht die Möglichkeit, daß eine bedeutende Differenz nicht als solche erkannt wird, ist sie dagegen zu groß, werden unnötige Aufwendungen gemacht. Die notwendige Zahl an Untergruppen je Versuchsgruppe soll durch Berechnung der Grenzdifferenz für $P = 0{,}05$ nach folgender Formel bestimmt werden, (SNEDECOR, 1959)

$$GD = \frac{s_D\, t\, 0{,}05}{\sqrt{n}}$$

s_D = Standardabweichung der Differenz,
n = Anzahl der Werte.

Der t-Wert wird aus der t-Tabelle für $P = 0{,}05$ unter den Freiheitsgraden $FG = 2\,(n - 1)$ ermittelt. Die Grenzdifferenz gibt an, welche Differenz zwischen zwei Versuchsgruppen mit bestimmter Untergruppenanzahl erreicht oder übertroffen werden muß, wenn sie mit der Wahrscheinlichkeit von über 95% signifikant sein soll. Bei der Berechnung der Grenzdifferenz nach obiger Formel für die prozentuale Legeleistung und die Rohverwertung bei verschiedener Anzahl Untergruppen mit 4 Tieren je Versuchsgruppe wurde die Streuung 6 bzw. 45 und bei verschiedener Anzahl Einzeltiere je Versuchsgruppe die Streuung 14 bzw. 190 zugrunde gelegt. Die Streuungswerte wurden in Anlehnung an die Ergebnisse der Tab. 1 und 2 ausgewählt.

Tabelle 3

Grenzdifferenzen für prozentuale Legeleistung und Rohverwertung

Anzahl		Prozentuale Legeleistung		Rohverwertung	
Untergruppen	Einzeltiere	Untergruppen	Einzeltiere	Untergruppen	Einzeltiere
4	16	10,4	10,8	77,8	137,1
6	24	7,7	8,1	57,5	110,3
8	32	6,4	7,0	38,3	95,0
10	40	5,6	6,2	42,3	84,6
12	48	5,1	5,7	38,1	76,6
16	64	4,3	4,8	32,5	66,5

Die Tab. 3 zeigt, daß die Grenzdifferenz hinsichtlich der prozentualen Legeleistung bei Einzeltierberechnung nur wenig größer ist als bei Untergruppenberechnung, hinsichtlich der Rohverwertung ist sie jedoch infolge der starken Streuung zwischen den Einzeltieren fast doppelt so groß. Diese Gegenüberstellung war notwendig, um zu zeigen, daß die Verringerung der Streuung durch Untergruppenbildung nicht durch die kleinere Anzahl an Freiheitsgraden gegenüber der Einzeltierberechnung aufgewogen wird. Um brauchbare Angaben bei der variationsstatistischen Berechnung von praktischen Fütterungsversuchen mit Legehennen zu bekommen, sollten die Versuchsgruppen eine Mindestgröße von 8 Untergruppen aufweisen.

Eine Verringerung der Variabilität in den genannten Eigenschaften kann außer durch Bildung von Untergruppen durch ausgeglichenes Tiermaterial erzielt werden. Der Versuchsansteller sollte danach trachten, genetisch einheitliche Tiere für den Versuch heranzuziehen und Vollschwestern auf die sich gegenüberstehenden Versuchsgruppen zu verteilen. Durch Anwendung moderner Züchtungsverfahren ist für die Zukunft damit zu rechnen, daß mehr ausgeglichenes Tiermaterial zur Verfügung steht. Das setzt aber voraus, daß die Versuchsanstalten ihre Zuchtbasis erweitern können.

Ein Mittel zur Schaffung ausgeglichenen Tiermaterials ist weiterhin die Einbeziehung einer Vorperiode von etwa 3 Monaten, in der alle Versuchstiere denselben Haltungs- und Fütterungsbedingungen unterworfen sind. Auf der Grundlage der dreimonatigen Kurzleistung können schlechte Legehennen ausgemerzt und ersetzt werden. Zum anderen wird der Einfluß unterschiedlichen Legebeginns auf die Leistung während des Versuches abgeschwächt. Bei eigenen Versuchen hat sich die Einschaltung einer Vorperiode von Legebeginn bis Ende Dezember gut bewährt. Nach diesem Termin kann eine gleichmäßige Legeleistung auch später geschlüpfter Tiere erwartet werden. Die eigentliche Versuchsdauer sollte wenigstens 180 bis 200 Tage betragen.

Die unter Bedingungen der Käfighaltung gewonnenen Versuchsergebnisse sind nicht ohne weiteres auf die Praxis übertragbar. Daher können praktische Fütterungsversuche, wie sie voranstehend beschrieben wurden, nur in enger Zusammenarbeit mit der Praxis durchgeführt werden, indem bedeutungsvolle Ergebnisse in bestimmten Betrieben (Konsultationspunkte) in Demonstrationsversuchen unter praktischen Bedingungen überprüft werden.

In ähnlicher Form wie bei Fütterungsversuchen mit Legehennen werden in Zukunft die Wachstumsversuche mit Küken in Spezialaufzuchtbatterien durchgeführt, wobei ebenfalls Untergruppen von noch zu bestimmender Größe gebildet werden. Hier hat die Untergruppenbildung vor allen Dingen den Vorteil, daß für die Futterverwertung statistisch vergleichbare Werte vorliegen.

Zusammenfassung

Bei künftigen praktischen Fütterungsversuchen mit Geflügel ist es zweckmäßig, nicht mehr das Einzeltierergebnis, sondern das Untergruppenergebnis für die biometrische Auswertung heranzuziehen. Jede Versuchsgruppe sollte unter Bedingungen der Käfighaltung mindestens 8 Untergruppen mit 3 bis 4 Legehennen umfassen. Durch die Untergruppenbildung wird die Variabilität der Leistungseigenschaften verringert, so daß kleinere Differenzen statistisch erfaßt werden können. Zum anderen ist es möglich, im Verlauf des Versuches eingegangene Hennen zu berücksichtigen und schließlich kann die Futterverwertung auf der Grundlage der Untergruppenergebnisse biometrisch berechnet werden. Die Untergruppenbildung ist auch bei Kükenwachstumsversuchen in Käfigen und bei Legehennenversuchen in Bodenhaltungen (auch bei Haltungsversuchen) und in der Hühnerleistungsprüfung angebracht. Es muß auch darauf hingewiesen werden, daß die Untergruppenbildung eine Arbeitseinsparung bei der Erhebung der Leistungeigenschaften und bei der Auswertung mit sich bringt.

Резюме

В предстоящих практических опытах по кормлению птицы для биометрической оценк ирекомендуется отказаться от использования результатов, полученных по отдельным животным, а применять результаты подгрупп. В условиях клеточного содержания, каждая подопытная группа должна охватывать по крайней мере 8 подгрупп, состоящих из трех или четырех несушек. Благодаря образованию подгрупп изменчивость продуктивных качеств уменьшается, так что более незначительные разницы могут быть охвачены статистически. Кроме того, можно учесть курицы, поступившие во время проведения опыта и наконец, на основе результатов подгруппы, вычислить биометрическим способом оплату корма. Образование подгрупп применяется также в опытах для определения роста цыплят при клеточном содержании и в опытах с несушками при содержании на полу (и в опытах содержания), а также при конкурсе яйценоскости.

Надо указать и на то, что образование подгрупп влечет за собой экономию затраты труда при определении продуктивных качеств и при их оценке.

Summary

At coming practical feeding tests with poultry it is proper not only to use the results of the single animal but the sub-group result for the biometric evaluation. Every testing group should contain at least 8 sub-groups with 3 or 4 hens under the condition of keeping in cages. By the forming of sub-groups the variability of the performance-pecularity is being lowered, that smaller differences can be statistically seized. On the other hand it is possible to take into consideration hens that came during the course of the test and besides this the food conversion can be biometrically calculated on the base of the subgroup results. The forming of sub-groups also is to be recommended for chicken growth tests in cages and for the hen performance test. It also has to be hinted at the fact that the forming of sub-groups brings a labour-saving at the evaluation of the performance pecularities.

Literaturverzeichnis

[1] ATKINSON u. Mitarb.: Effect of certain environmental factor and sex on poult growth with reference to future experimental design. Poultry Sci. 1958, 37, 1051—54.
[2] SCHOLTYSSEK, S.: Die Mast von Junggeflügel, Verlag Paul Parly 1961, S. 49.
[3] SCHOLTYSSEK,S. und FISCHER, A.: Zur Auswertung von Fütterungsversuchen bei Legehennen. Futter und Fütterung, 1960, 11 70—71.
[4] SNEDECOR, G. W.: Statistical methods. Ames, Iowa, 4. Aufl. 1959, 60—61.

Verfasser: Dr. HEINZ PINGEL, Berlin N 58, Falkplatz 3

Aus dem Institut für landwirtschaftliches Versuchs- und Untersuchungswesen Rostock der Deutschen Akademie der Landwirtschaftswissenschaften zu Berlin
(Direktor: Prof. Dr. Dr. h. c. K. NEHRING)

C. ENGELMANN

Der Einfluß von Zuckerzusätzen auf Körpergewicht und Futterverzehr bei Hühnerküken und Gänsen

Eingegangen: 25. 8. 1962

Einleitung und Methode

In voraufgegangenen Versuchen mit „schmackhaften" Futtermischungen, die durch Rohzuckerzusatz (0,2; 0,5 und 1,0 molare Lösung), Natriumchlorid und andere Schmeckstoffzusätze reizstärker gemacht waren, hatten Hühnerküken eine gewisse, Gössel und Enten eine deutliche Vorliebe für das angesüßte Schrotgemisch innerhalb eines engen Konzentrationsbereiches gezeigt [ENGELMANN, 3]. Da beide Wassergeflügelarten und die Hühnerküken in den Versuchen mit dem beliebtesten Rohzuckerzusatz (0,5 mol) mehr Mischfutter zu sich genommen hatten als in den voraufgegangenen und folgenden, sollte in den vorliegenden Untersuchungen geklärt werden, ob sich die Gewichtszunahme heranwachsenden Geflügels durch „angenehme" Zuckerzusätze zum üblichen Mischfutter verbessern läßt.

Um zu verhindern, daß allein der höhere Energiegehalt der angesüßten Mischung den etwaigen besseren Zuwachs hervorgerufen haben könnte, wurde der als Vergleichsmuster dienenden Futtermischung die entsprechende Menge einer gleichmolaren, für Hühner — auf Grund früherer Versuche [ENGELMANN, 4] — geschmacklich neutralen Milchzuckerlösung zugesetzt.

Als Versuchstiere standen 76 Eintagsküken rebhuhnfarbiger Italiener und 33 der Rasse New Hampshire zur Verfügung. Einige Vorversuche wurden (bereits 1960) mit 18 New Hampshireküken durchgeführt.

Die Küken erhielten eine Futtermischung mit 19% Rohprotein (14,5% verdauliches Eiweiß) als Grundfutter. Von dieser Mischung erhielten die einzelnen Gruppen täglich dreimal eine abgewogene Menge, die durch Zugabe der Zuckerlösungen angefeuchtet war, wobei auf 100 g 50 ml Lösung zugesetzt wurden. (Dieser Feuchtigkeitsgrad gab dem Schrotgemisch etwa die Beschaffenheit, die den Hühnern am liebsten ist [ENGELMANN, 5].)

Nach 15—20 Minuten wurde durch Zurückwiegen ermittelt, wie viel Futter die einzelnen Gruppen verzehrt hatten und der Rest den Küken zur freien Aufnahme geboten. Am Ende jedes Versuchstages wurde der Gesamtverzehr festgestellt. Da die Küken nach der kurzen Prüfungsdauer durch Scharren und Picken nicht unerhebliche Futtermengen verschleuderten, ist der durchschnittliche 2—3 Stunden später ermittelte Gesamtverzehr je Fütterung ungenau, so daß er bei der Auswertung nur gelegentlich Berücksichtigung fand. Zwischen der 2. und 3. Fütterung lag eine Zeitspanne von 5 statt von 3 Stunden, so daß die Küken bei der letzten Mahlzeit stets hungriger waren und gieriger fraßen als in den voraufgegangenen. Einige Zweifach-Wahlversuche, die einzeln mit den 8 Wochen alten Küken zur Durchführung kamen, sollten Aufschluß über die spontane „Beliebtheit" der einzelnen Mischungen geben. Die Durchführung (Unterbrechung nach dem 10. Bissen) und Auswertung („Annahme" und „Ablehnung") erfolgte in der bereits geschilderten Weise (ENGELMANN, 1961, S. 170). Die Zuckerzusätze hörten in den Hauptversuchen am Ende der 6. Lebenswoche auf, in den Vorversuchen wurden sie bis zum Abschluß der experimentellen Arbeit gegeben.

Tabelle 1

Zusammensetzung der Futtermischung

	Anteil %		Anteil %	
Roggenschrot	10	Lupinenschrot	3	Rohprotein 19%
Gerstenschrot	20	Fischmehl	6	verd. Eiweiß 14,5%
Haferschrot	20	Trockenhefe	3	Energiegehalt 2726 Kal. x
Weizenschrot	10	Leinsaat	2	
Weizenkleie	3	Mineralsalz	3	
Maisschrot	7			
Erbsenschrot	7			
Bohnenschrot	9			

* umsetzbare Energie (= 1800 Kal. produktive Energie)

1. Vorversuche

Hühnerküken. Die New Hampshire-Küken kamen im Alter von 8 Tagen in den Versuch. Die 3. Versuchswoche z. B. entsprach demnach ihrer 4. Lebenswoche.

Schon nach 2 Wochen waren die Küken in der Rohrzuckergruppe um rund 20 g schwerer; in der 10. Lebenswoche betrug dieser Vorsprung 171 g oder 17%, d. h. die schlechtere Milchzuckergruppe erreichte nur ein Relativgewicht von 83%.

Tabelle 2

Körpermasse der Einzeltiere in g nach Zugabe der beiden Zuckerlösungen zum Mischfutter

Futterzusatz	Anfangsgewicht	3.	6.	8.	10. Lebenswoche	n
0,5 mol Rohrzucker	72,5	197	483	750	1030	8
0,5 mol Milchzucker	72,1	174	434	719	859	10
Differenz	0,4	23	49	31	171	

Das Geschlechtsverhältnis betrug in beiden Gruppen 1 : 1, im einzelnen bei I = 4:4 und bei II = 5:5. Vergleicht man, welchen Einfluß die Futterzusätze auf die beiden Geschlechter ausüben, macht es den Eindruck, als ob die Hennen den Milchzucker besser verwerteten als die Hähne; im 8-Wochenalter hatten sie jedenfalls in beiden Gruppen gleiches Gewicht und in der 10. Lebenswoche waren die Hennen aus Gruppe II nur um 42 g (4,5%) leichter. Die entsprechend gefütterten Hähne blieben um 8,3% (8. Woche) bzw. um 17,7% (10.) hinter denen der Rohrzuckergruppe zurück.

Tabelle 3
Durchschnittliche Körpermasse bei Hähnen und Hennen in den beiden Gruppen

Gruppe	Geschlecht	3.	6.	8.	10. Lebenswoche
I	Hähne	206	531	841	1127
II	Hähne	186	474	772	927
I	Hennen	188	435	660	934
II	Hennen	162	394	666	892

Die nach 15—20 Min. verzehrte Futtermenge war zunächst, d. h. in den ersten beiden Wochen, bei beiden Gruppen gleich. Dann fraß die Rohrzuckergruppe (I) bei höherem Gewicht stets etwas mehr (6.—10. Woche). Dieser Mehrverzehr innerhalb der Untersuchungsfrist entsprach etwa ihrem Übergewicht, d. h. sie verzehrte je kg Lebendgewicht in den jeweils 10—20 Minuten die gleiche Futtermenge wie die Küken in der Milchzuckergruppe.

Tabelle 4
Futterverzehr je Gruppe und Tag bei den 3 täglichen Mahlzeiten bei der Rohrzucker- (I) bzw Milchzuckergruppe (II).

Gruppe	Mahlzeit	3.	6.	8.	10. Lebenswoche
	1.	16,5	38,3	36,0	44,0
I	2.	18,6	34,0	34,5	43,9
	3.	30,9	64,2	64,5	69,0
	insgesamt	66,0	136,5	135,0	156,9
	1.	16,5	33,8	33,2	29,4
II	2.	18,3	34,3	30,0	36,9
	3.	30,7	50,7	58,0	62,4
	insgesamt	65,5	118,8	124,2	128,7

2. Vorversuche mit Gänsen

Hierfür standen mir 6 Gössel eines Landschlages zur Verfügung, die auf 2 Gruppen aufgeteilt wurden: Gruppe I erhielt zum Futter 0,5 molaren Rohrzucker; Gruppe II 0,5 molare Milchzuckerlösung, wiederum 50 ml auf 100 g Futtermischung. Die Fütterung erfolgte wie bei den Hühnern um 7, 10 und 15^h. Dem Schrotgemisch, das die gleiche Zusammensetzung hatte (vgl. S. 17, mischten wir fein gehäckselte Luzerne als Grünfutter bei. Die Versuchstiere erhielten während der gesamten Versuchsdauer die Zuckerzusätze.

Bereits im Anfangsgewicht unterschieden sich die einzelnen Gössel, die zu Versuchsbeginn 21 Tage alt waren, weit mehr voneinander als die Hühnerküken (770 bis 1180 g) so daß in jede Gruppe ein schweres, mittleres und leichtes Tier aufgenommen werden mußte. Schon acht Tage nach Versuchsbeginn hatte die Rohrzuckergruppe (I) nicht nur den anfänglichen Rückstand von 10 g aufgeholt, sondern bald einen beständigen Vorsprung, der bei Versuchsabschluß 250 g oder 5% betrug (vgl. Tab. 5).

Tabelle 5

Entwicklung der Körpermasse. In Klammern das Lebensalter in Wochen

Gruppe	Anfangs-gewicht	3. (6.)	6. (9.)	8. (11.)
I	932,3	3860	4587	5073
II	943,3	3820	4513	4826

Nach der Differenzmethode berechnet, sind die Unterschiede in der Körpermasse in der 3., 6. und 8. Woche signifikant:

Woche	Differenz ± m g	$\frac{\text{Diff.}}{\text{m Diff.}}$	p
3.	40,0 ± 9,1	4,4	< 0,01
6.	73,0 ± 13,8	5,3	< 0,01
8.	246,0 ± 22,1	11,1	< 0,01

Im Futterverbrauch übertraf Gruppe I im ganzen Gruppe II. Bereits in der ersten Versuchswoche fiel ihr besserer Appetit auf. In der 3. Woche fraß Gruppe II am besten, doch nur kurze Zeit; von dann an blieb sie zurück. Als die Gössel das 8-Wochenalter und das ansehnliche Gewicht von 5,0 bzw. 4,8 kg erreicht hatten, nahm ihre Freßlust allgemein ab, bei II allerdings immer deutlicher als bei I. Beim Vergleich der 3 täglichen Mahlzeiten miteinander verzehrten die Tiere bei der letzten Fütterung stets am meisten. Das ergibt sich aus der Versuchsmethode; dieses Futter stand den Tieren 2—3 Stunden statt 20 Minuten zur Verfügung. Morgens fraßen die Gössel in Gruppe II besser; ihre Futtermischung hielt anscheinend nicht so lange vor wie bei der Rohrzuckerzugabe. Freßunlustig wurden sie mit Beginn der 5. Woche, die ihrer 8. Lebenswoche entsprach. Die Gössel der Gruppe I behielten dagegen ihren guten Appetit (Tab. 6).

Bei den Gänsen scheint der angenehme Geschmach der Rohrzuckerlösung die Versuchstiere sogar zu einem übermäßigen Verzehr („Luxuskonsum") verleitet zu haben. Das läßt sich jedenfalls aus der etwas ungünstigeren Verwertungszahl schließen.

Sie nahmen während der Versuche 23,5 kg Futter (TS) oder 15,4 kg Gesamtnährstoffe zu sich und erreichten damit ein Endgewicht von 5,07 kg. Die Gänse in Gruppe II fraßen 21,8 kg und damit 14,3 kg GN und wogen bei Versuchsende 4,8 kg. Da die Unterschiede in der Körpermasse echt sind — nach der Differenzmethode berechnet ergibt sich ein P-Wert, der unter 0,01 liegt — hat der Rohrzuckerzusatz über den Mehrverzehr die Zunahme gefördert, und das vermutlich auf Grund seines Geschmackes, nicht auf Grund besserer Futterverwertung; denn die Verwertungszahlen sind mit 3,04 kg Futter für 1 kg Lebendgewicht bei Gruppe I und mit 2,98 kg bei Gruppe II, bei Gruppe I eher ungünstiger.

Tabelle 6
Futterverzehr während der Versuchszeit, je Tier und Tag in g

Gruppe	Mahlzeit	Versuchswoche							
		1.	2.	3.	4.	5.	6.	7.	8.
I	1.	80	80	129	162	145	143	160	136
	2.	88	118	145	161	142	142	134	135
	3.	155	157	247	230	296	296	186	250
	1.—3.	323	355	521	553	593	591	480	521
II	1.	86	87	153	156	113	166	107	90
	2.	64	104	149	161	136	107	86	108
	3.	157	168	243	207	333	225	248	180
	1.—3.	306	359	545	524	582	498	441	378

3. Hauptversuche

Versuche mit Hühnerküken

a) New Hampshires

Es handelt sich um den gleichen ingezüchteten Stamm, der bereits im Jahre zuvor zu den Versuchen gedient hatte. Die 21 Küken waren bei Versuchsbeginn 14 Tage alt und blieben während des ganzen Versuches gesund. Wiederum hielten sich die Abweichungen in der Körpermasse zwischen den Angehörigen derselben Gruppe in engen Grenzen (mehrere Tiere brachten bei den wöchentlichen Wägungen das gleiche Gewicht). Zwischen den Gruppen bestanden bei den Hennen anfangs klare Unterschiede zugunsten der Rohrzuckergruppe, bei den Hähnen hielt die Milchzuckergruppe von der 4 .Woche an mit Gruppe I Schritt (Tab. 7).

Tabelle 7
Gewichtsentwicklung in g von New Hampshire-Küken bei Futtermischungen mit Rohrzucker- (I) bzw. Milchzuckerzusatz (II), 50 ml 0,5 molarer Lösung je 100 g Futter.

Gruppe	Anfangsgewicht (2 Wochenalter)		3.	6.	8.	10.	n
			Lebenswoche				
Hähne	I	113	196	526	732	1088	6
	II	117	178	524	734	1090	7
Hennen	I	109	177	519	706	933	5
	II	105	180	497	637	916	4

Allein im Anfang, in der ersten Versuchswoche, entwickelten sich die Hähne in Gruppe I etwas schneller, dann verloren sich die Unterschiede völlig. Bei den Hennen waren die der Gruppe I von der 4. Woche an weiter als ihre Geschwister in II und übertrafen sie, solange die Zuckerzusätze geboten wurden bzw. nachwirken konnten. Das war bis zur 8. Lebenswoche der Fall, d. h. 14 Tage nachdem die Zusätze aufgehört hatten. Das veranschaulichen die Relativzahlen am besten:

Tabelle 8

Gewichtsentwicklung, Gruppe I jeweils = 100

		3.	4.	6.	8.	9.	10. Woche
Hähne	II	91	100	99	101	101	101
Hennen	II	103	96	96	90	102	98

Bei der Überprüfung der Zahlenwerte nach der Differenzmethode sind die Entwicklungsvorteile der Rohrzuckergruppe bei den New Hampshire-Hennen (vgl. Tab. 7) in der 6. Woche noch nicht gesichert aber wahrscheinlich (Differenz 22,0 $\pm$ 8,6 g $\frac{\text{Diff}}{\text{m Diff}} = 2{,}6$), wohl aber in der 8. Woche (Differenz 69,0 $\pm$ 19,2 g. $\frac{\text{Diff}}{\text{m Diff}} = 3{,}6$). Im einzelnen sind die Abweichungen vom Mittelwert bei der Milchzuckergruppe stets größer.

F u t t e r v e r z e h r. Wiederum fraßen die Küken während der ihnen gewährten Zeitspanne in den ersten 3 Wochen gleich viel. Dann verzehrten die Tiere in Gruppe I mehr Futter, sie fraßen also mit größerem Appetit, besonders bei der ersten Mahlzeit. In der 6. Versuchswoche, in der die Zuckerzuzätze letztmalig eingemischt wurden, nahmen die 11 Küken der Gruppe I z. B. 144 g Futter in den 15 Min. zu sich, die 11 aus Gruppe II 80 g. Die Freßlust ging in Gruppe I spontan zurück, sobald die Zufütterung aufhörte (7. Woche) und nahm von der 8. Woche erst wieder zu. Bei den Tieren aus Gruppe II stieg der Futterverbrauch dagegen stetig an. Diese Besonderheiten gelten allerdings bloß für den Zeitausschnitt von 15—20 Min. je Mahlzeit. Der tägliche Gesamtverzehr war bei beiden Gruppen gleich.

Tabelle 9

Futterverzehr in den ersten 15—20 Min. nach der Fütterung je Gruppe/Tag in g (n = 11)

Mahlzeit	3.			6.			7.			8.			10. Woche		
	1.	2.	3.	1.	2.	3.	1.	2.	3.	1.	2.	3.	1.	2.	3.
0,5 mol Rohrz.	67	82	91	144	115	144	116	88	125	151	128	204	161	165	305
0,5 mol Milchz.	68	78	93	80	110	88	112	89	180	226	180	315	182	170	315

b) Rebhuhnfarbige Italiener:

Die 75 Küken stammten aus der Zuchtherde des Instituts für Tierzuchtforschung Dummerstorf; sie kamen bereits als Eintagsküken in den Versuch und wurden auf drei Gruppen aufgeteilt:

I. 0,5 mol Rohrzuckerlösung, II. 0,25 mol Rohrzuckerlösung, III. 0,5 mol Milchzuckerlösung als Zusatz.

Die H ä h n e der Gruppen mit 0,5 molarer Rohr- bzw. Milchzuckerlösung entwickelten sich hier von Anfang an völlig gleichmäßig; ihr 8-Wochengewicht war befriedigend.

Tabelle 10

Italienerhähnchen. Gewichtsentwicklung in g bei Futtermischungen mit 0,5 (I) und 0,25 mol Rohrzucker (II) sowie 0,5 mol Milchzuckerzusatz (III), je 50 ml/100 g Futter

Gruppe	Anfangsgewicht	3.	6.	8. Woche	n
I	45,1	166	379	631	10
II	48,7	153	340	611	10
III	45,4	165	398	637	10

In der Gruppe II blieben die Hähne bereits von der 2. Versuchswoche an in der Körpermasse zurück, holten von der 7. Woche (Fortfall der Zuckerlösung) zwar auf, ohne allerdings an die anderen bis zum Versuchsabschluß in der 8. Lebenswoche heranzukommen. Das läßt sich wiederum beim Vergleich der Relativzahlen ablesen:

Tabelle 11

Relative Entwicklung der Körpermasse bei Italienerhähnen bezogen auf die Gruppe mit 0,5 molarem Rohrzuckerzusatz = 100%

Gruppe	2.	3.	4.	5.	6.	7.	8. Versuchswoche
mol II	94	92	96	99	90	96	97
III	105	99	101	102	105	98	101

Bei den Hennen bestand dagegen zwischen den Gruppen mit 0,25 und 0,5 molarer Rohrzuckerlösung kein Unterschied, während die Milchzuckergruppe von der 3. Versuchswoche an zurückblieb; sie hatte diesen Rückstand in der 8. Woche noch nicht wieder aufgeholt (Tab. 12):

Tabelle 12

Italiener-Hennen. Erklärung wie Tab. 10

Gruppe		Anfangsgewicht	3.	6.	8.	n
I		41,0	157	364	585	15
II		40,5	156	362	552	14
III		40,1	147	354	541	16
relativ	II	100	100	99	99	
(I = 100)	III	100	94	95	97	

Bei den Italienerhennen sind die Unterschiede in der Körpermasse bereits in der 3. Woche signifikant (Differenz I—III = 10,0 + 2,9 g, $\frac{\text{Diff}}{\text{m Diff}} = 3{,}4$) und verlieren dann immer mehr an Bedeutung: In der 6. Woche beträgt die Differenz 10,0 ± 4,6 g, in der 8. Woche 44,0 ± 24,0, $\frac{\text{Diff}}{\text{m Diff}} = 2{,}2$ bzw. 1,8. Wiederum weichen die Einzelwerte bei der Milchzuckergruppe stärker vom Mittel ab; das spricht für eine unausgeglichene Lactoseverwertung bzw. für eine große Labilität der Lactase.

Der Futterverbrauch. Die lebhaften Italienerküken fraßen bei der ersten täglichen Mahlzeit am besten und nahmen dabei von der Mischung, die mit 0,5 molarer Rohrzuckerlösung angefeuchtet war, bis zur 6. Woche am meisten Futter zu sich. Bei den übrigen Fütterungen machte sich keine Bevorzugung einer Mischung mehr bemerkbar. Nach der 6. Woche, als alle Zuckerzusätze fortgefallen waren, ging der Verzehr in der Rohrzuckergruppe I sofort zurück, am sinnfälligsten in der 7. Woche. Die Küken fraßen etwas mehr als in der voraufgegangenen Woche (104%), die der anderen Gruppen erheblich mehr (137% bzw. 121%). In der 8. Woche war diese Depression überwunden. Da immer nur das Futter der ganzen Gruppe gewogen wurde, liegen keine getrennten Werte für die Hähnchen und Hennen vor.

Tabelle 13

Futterverzehr in den ersten 15—20 Min. nach der Fütterung je Gruppe/Tag in g

Gruppe	3.			6.			7.			8. Woche		
	1.	2.	3.	1.	2.	3.	1.	2.	3.	1.	2.	3.
I	71	47	54	143	107	96	145	121	93	175	119	100
II	65	45	68	137	111	98	161	146	112	162	112	94
III	52	38	65	134	122	91	154	139	117	182	95	102
	63	43	62	138	113	95	153	135	107	173	108	99

Besprechung der bisherigen Ergebnisse

Die beiden ausgewählten aequimolaren Rohr- und Milchzuckerlösungen unterscheiden sich nicht nur durch ihren Geschmack, der allein beim Rohrzucker für das Geflügel von Bedeutung ist. Schon aus einer nur kurzen Durchsicht der Literatur geht hervor, daß die Verwertbarkeit beider Zucker ungleich ist. Während der Rohrzucker ohne weiteres in den intermediären Stoffwechsel aufgenommen wird, besteht über die Verdaulichkeit des Milchzuckers keine einheitliche Meinung.

RUTTER und Mitarbeiter fanden keinerlei Beeinträchtigung des Kükenwachstums bei Lactose-Zugaben bis zu 20% zu einer gebräuchlichen bzw. gereinigten Futtermischung. Bei höheren Gaben blieben die Küken im Wachstum zurück, bekamen Durchfall und ihre Zehen verkrümmten sich. Nach Meinung dieser Autoren wird der Milchzucker nur z. T. resorbiert, da sie im Blut nach Fütterung mit Lactose wenig Galactose fanden.

Diese nachteiligen Wirkungen wie verzögertes Wachstum, Zehenmißbildungen, konvulsivische Zuckungen u. a. m. werden durch den Galactoseanteil dieses Disaccharids hervorgerufen, wie DAM, RUTTER u. a. zeigten. FOX und BRIGGS berichteten dagegen von einer klaren Wachstumsförderung bei Küken, denen sie bis zur 4. Woche einschließlich 10 bis 30% Lactose zu einer gereinigten Futtermischung zusetzten. Bei höheren Gaben (60%) wuchsen die Küken schlecht; ihr Pancreas wurde hämorrhagisch und die Futterverwertung ließ nach. In einer praxisüblichen Futtermischung geboten, versagte der Milchzucker, der im übrigen etwa zur Hälfte absorbiert wurde, den Wasserbedarf erhöhte und die Exkretion förderte. ROMOSER und Mitarbeiter wiederum erreichten durch 15% Lactose in einer sonst handelsüblichen Futtermischung besseres Wachstum. Über die Resorption des Milchzuckers ist z. Zt. weniger bekannt als über die anderer Zucker. Nach SOEDARMO und KARE soll aber die „Beliebtheit" der Zucker von ihrer Verwertbarkeit im intermediären Stoffwechsel abhängen. BOGNER u. Mit. stellten nach Verabreichung von Glucose- und Sorboselösungen fest, daß die Fähigkeit zur selektiven Resorption beim 2 Tage alten Küken bereits vorhanden ist, beim Eintagsküken aber noch nicht. Über die Beliebheit beider Zucker äußersten sie sich nicht.

In unseren Versuchen lag der Zuckeranteil, bezogen auf die Gesamtmischung, mit 15% (0,5 mol Rohr- und Milchzucker) bzw. 7% (0,25 mol Rohrzucker) unter der bedenklichen Menge, so daß keinerlei Schäden zu befürchten waren. Bei der Auswertung ist darum vor allem zu berücksichtigen, daß die ausbleibende Wirkung der Lactoselösung durch das Unvermögen der Küken hervorgerufen sein kann, diese Energiequelle voll auszunutzen.

Am wenigsten bestehen derartige Bedenken bei der Deutung der Gänseversuche. Diese Geflügelart hatte in voraufgegangenen Versuchen (ENGELMANN 1961) ihre große Schmeckempfindlichkeit erkennen lassen und von Schrotmischungen, die durch Rohrzuckerlösung oder Möhrensaft aufgebessert waren, erheblich mehr gefressen als von bloß mit Wasser angefeuchteten Vergleichsproben. Wenn jetzt die Freßlust in der Rohrzuckergruppe bis zum Versuchsende erhalten blieb, bei der Milchzuckergruppe dagegen von der 5. Woche an sichtlich nachließ, bietet sich darum zur Erklärung vor allem anderen der „Wohlgeschmack" dieser gesüßten Futtermischung an, zumal die Gänse die Futtermischung mit der Lactoselösung keineswegs schlechter verwerteten.

Die Küken gehören Rassen an, die sich in ihren Ansprüchen an den Rohrzucker und Energiegehalt des Futters nicht unbeträchtlich unterscheiden. Die New Hampshires als Vertreter eines fleischigen, schnellwüchsigen und mastfähigen Typs brauchen ein Futter mit einem Eiweißgehalt von rund 20—22% und 1900—2200 kcal produktiver Energie je kg Futter, die Italiener als Angehörige einer ebenfalls frohwüchsigen aber leichten Rasse können nicht mehr als 18% Rohprotein im Futter verwerten bei einem Energiegehalt von allenfalls 1900 kcal PE/kg Futter. Das Grundfutter hatte hier einen Energiegehalt von 2762 kcal umsetzbare Energie oder 1800 PE; durch den Zuckerzusatz stieg dieser auf 2938 UE oder 2090 PE an (0,5 mol Rohr- bzw. Milchzucker) oder auf 2870 kcal UE bzw. 1976 kcal PE (0,25 mol Rohrzucker). Für die Italiener war das Futter demnach voll ausreichend, für die New Hampshires nicht ganz, zumal für die Hähne.

Weiterhin unterscheiden sich die beiden Geschlechter in ihren Ansprüchen. Auf Grund ihres höheren Grundumsatzes haben Hähne einen höheren Energiebedarf. Die Hennen kommen mit weniger Energie und Protein aus, doch verlangen sie ein hochwertiges, möglichst tierisches Eiweiß. Die Geschlechtszugehörigkeit kann somit ebenfalls auf die Ergebnisse einwirken.

Die Verwertung des Milchzuckers stellt zunächst eine unbekannte Größe dar. Sieht man von allem anderen ab, besonders der möglichen Geschmackswirkung, drückt sich die ungenügende Verwertung der Lactose in dem Zurückbleiben der New Hampshirehähnchen dieser Gruppe II in den Vorversuchen 1960 von der 1. bis 10. Woche (Tab. 3) und in den Hauptversuchen 1961 bis zur 3. Woche aus (Tab. 7), sowie im schlechten Wachstum der zugehörigen Hennen bis zur 6 Woche. (Tab. 3) bzw. von der 4. bis 8. Woche (Tab. 7 und 8). In entsprechender Weise wäre hier die unbefriedigende Entwicklung der Milchzuckergruppe III bei den Italienerhennen während der gesamten Versuchsdauer anzuführen (Tab. 12). Die Uneinheitlichkeit der Wachstumsreaktionen in den aufgezählten Fällen macht es sehr wahrscheinlich, daß noch andere Einflüsse mitbeteiligt sind; selbst wenn die Lactasebildung und damit die Verwertung des Milchzuckers unausgeglichen verläuft und labil ist (was aus der größeren Variation der Einzelwerte zu entnehmen ist, vgl. S. 21 und 23) bleibt unverständlich, warum die New-Hampshire-Hähnchen in dem einen Jahr den Milchzucker schlechter ausnutzten als die Küken-Hennen (1960), im anderen dagegen besser (1961).

Der Energiegehalt der Futtermischungen hat sich offensichtlich bei allen Hähnchen und, weniger deutlich, bei den anspruchsvolleren New Hampshirehennen ausgewirkt. Als eindeutiges Beispiel können die Hahnen-Gruppen mit 0,5 molarem Rohr- bzw. Milchzuckerzusatz einserseits und mit 0,25 molarer Rohrzuckergabe anderseits dienen: die kalorienärmere Gruppe (II) blieb klar zurück (Tab. 10). In den Fällen, in denen die Hähnchen den Milchzucker nicht verwerten konnten (s. o.) dürfte ebenfalls die ungenügende Kalorienaufnahme die entscheidende Begrenzung für das Wachstum gebildet haben. Für die Italienerhennen ist hier — wie sich aus der gleichen Entwicklung der Gruppe mit 0,25 und 0,5 ml Rohrzucker ergibt (Tab. 12) — der Energiegehalt belanglos, weil für sie die kalorienärmere Mischung den Bedarf bereits deckte, vielleicht sogar schon das Grundfutter. Die New-Hampshirehennen kamen dagegen mit dem Energiegehalt der Milchzuckermischung nicht aus, solange die Resorption der Lactose Schwierigkeiten machte.

Auf einen Einfluß des Geschmacks dürfen — wohl unbedenklich — die Fälle zurückgeführt werden, in denen die Küken die Rohrzuckermischungen bevorzugten, indem sie entweder im gleichen Zeitraum mehr davon zu sich nahmen — wie die Italienerküken von dem Schrot mit 0,5 mol Rohrzucker gegenüber der Milchzuckermischung bei der 1. Fütterung bis zur 6. Woche oder die New Hampshires bei der 1. Fütterung in der 6. Woche — oder freßunlustig wurden, sobald der gewohnte Rohrzuckerzusatz fehlte (New Hampshires nach der 7. Woche des Hauptversuchs bzw. die Italiener der Gruppe I in der 7. Woche (vgl. S. 21 und 23).

In einigen Fällen mag das Körpergewicht die Futtermenge bestimmt haben, die die Küken während der 15—20 Minuten Versuchsdauer zu sich nahmen. Wenn beispielsweise die New Hampshire-Hähne in Gruppe I in den Versuchsreihen 1960 und 1961 von der 3. Woche an mehr fraßen als die Küken der Gruppe II, die durch den bis dahin schlechter ausgenutzten Milchzucker leichter geblieben waren, braucht der Geschmack nicht unbedingt beteiligt gewesen sein (vgl. S. 18 und 19). Das ist sogar unwahrscheinlich, weil die Küken in der Rohr- wie Milchzuckergruppe die gleiche Futtermenge je kg Lebensgewicht verzehrten. Diese, für den Gesamtverzehr natürliche Beziehung zwischen Bedarf und Futteraufnahme wird unter den gewählten Versuchsbedingungen zum Sonderfall; denn bis zur Sättigung konnten die Tiere in der verhältnismäßig kurzen Zeit nicht fressen, so daß tatsächlich im allgemeinen wohl der Appetit, nicht aber der Bedarf in den ermittelten Werten zum Ausdruck kommt.

Zweifach-Wahlversuche

Um den Einfluß des Geschmacks auf die Futteraufnahme genauer zu erfassen, prüfte ich die 8 Wochen alten Küken in einigen Zweifach-Wahlversuchen. Alle Küken bekamen einzeln je eine Schrotprobe, die mit 0,5 molaren Rohrzucker- bzw. 0,5 molarer Milchzuckerlösung angefeuchtet war, nebeneinander in Glasschalen geboten. Für jedes Tier war, je nach seiner Gruppenzugehörigkeit, die eine Probe vertraut, die andere neu.

Bei den New Hampshires dienten fast nur Hähnchen zu diesen Versuchen, so daß die Ergebnisse, die mit den wenigen Hennen erzielt wurden, sehr ungenau sind. Zwischen den Hähnen aus Gruppe I und II besteht ein geringer, nicht signifikanter Unterschied: Die bis dahin an den Rohrzuckerzusatz gewöhnten Tiere (I) ließen das für sie neue Schrot mit Milchzuckerlösung häufiger im Stich, um von dem vertrauteren weiterzufressen, als die Hähne aus Gruppe II umgekehrt die für sie ungewohnte Rohrzucker-Schrotmischung. Dadurch ergibt sich — trotz der Neigung, vom gewohnten Futter lieber zu fressen — insgesamt eine größere Vorliebe für das Futter mit Rohrzuckerzusatz (Tab. 14).

Tabelle 14

New Hampshire-Küken. Prozentuale Annahme der mit 0,5 molarer Rohr- bzw. Milchzuckerlösung angefeuchteten Schrotproben im Zweifach-Wahlversuch

	Futtermischung angefeuchtet mit	Herkunft aus Gruppe I		Herkunft aus Gruppe II		Herkunft aus Gruppe I + II	
		%	n	%	n	%	n
Hähne	0,5 mol Rohrz.	82	96	87	53	84	149
	0,5 mol Milchz.	67	93	91	58	76	111
Hennen	0,5 mol Rohrz.	85	20	75	10	82	30
	0,5 mol Milchz.	90	24	80	10	87	34

Wie in früheren Versuchen mit reizschwachen Schmecklösungen übt die Stellung der Gefäße (Vorliebe einzelner Tiere für rechts oder links) und die Umstände der Wahl, d. h. ob das Tier zuerst und spontan („Erstwahl") an eine Schrotprobe geraten war oder nach erzwungenem Wechsel („Zweitwahl"), einen spürbaren Einfluß auf das Verhalten aus. So bleibt die größere Vorliebe für die Rohrzucker-Schrotprobe nur wahrscheinlich statt statistisch gesichert zu sein, wie schon in den vorjährigen

Versuchen, in denen das gesüßte Futter neben dem bloßen Grundfutter zur Wahl stand. Der Geschmack „süß“ ist einfach zu reizschwach, um sich neben den übrigen Einflüssen wie Ortsgebundenheit (Seitenstetigkeit), Vorliebe für das zuerst gewählte Futterschälchen usw. handelnsbestimmend durchzusetzen (vgl. ENGELMANN 1961, 171).

Bei den Italienern verhielten sich die Hähne aus den 3 verschiedenen Gruppen gleich: Sie nahmen beide Schrote gleich häufig an (I und II = 78%:74%, III = = 76%: 67%). Die Hennen in Gruppe I und II zogen dagegen die Rohrzucker-Schrotmischung deutlich vor, d. h. sie wandten sich — wenn sie an das Milchzucker-Schrotgemisch gerieten — von diesem in fast der Hälfte der Fälle ab (43%) und fraßen an der Rohrzucker-Schrotprobe weiter, die sich bis dahin ausschließlich vorgesetzt bekommen hatten. Die Hennen aus Gruppe III blieben im Gegensatz dazu weit häufiger an der für sie ungewohnten Rohrzuckerprobe und verließen diese zugunsten der Milchzuckerprobe in bloß 15% der Fälle.

Tabelle 15

Italiener-Küken. Prozentuale Annahme der mit 0,25 bzw. 0,5 mol Rohrzucker- (I und II) oder mit 0,5 mol Milchzuckerlösung (III) angefeuchteten Schrotprobe

	Futtermischung angefeuchtet mit	Herkunft aus Gruppe I + II %	n	III %	n	I, II + III %	n
Hähne	Rohrzucker	78	70	76	87	77	157
	Milchzucker	74	66	67	86	70	152
Hennen	Rohrzucker	86	29	85	53	85	82
	Milchzucker	57	30	73	41	66	71

Dadurch tritt die größere Vorliebe für das Schrot mit Rohrzuckerzusatz auch dann noch deutlich hervor, wenn alle drei Gruppen zusammengefaßt werden. Die Differenz (19,0 ± 6,2) ist dieses Mal statistisch gesichert $\left(\frac{\text{Diff}}{\text{m Diff}} = 3{,}1\right)$. Die Gänse standen für diese Versuchsreihe nicht mehr zur Verfügung, und ersatzweise mit Enten begonnene Versuche scheiterten an der Schreckhaftigkeit der Tiere.

Weitere Erörterung der Ergebnisse

Nach den Ergebnissen der Wahlversuche muß man den 8 Wochen alten Hähnen die Fähigkeit absprechen, Schrotmischungen mit 0,5 molarer Rohrzucker- von solchen mit aequimolarer Milchzuckerlösung sicher zu unterscheiden; die bei den New Hampshires angedeutete Bevorzugung der Rohrzucker-Schrotmischung ließ sich jedenfalls variationsstatistisch nicht bestätigen. Vielleicht läßt überhaupt die anfängliche Schmeckempfindlichkeit der Hähnchen — für die das bessere Wachstum in den ersten 2—3 Wochen herangezogen werden könnte — mit zunehmender Keimdrüsenentwicklung nach. Darauf deuten auch die Unterschiede zwischen den Vertretern dieser mittelschweren Rasse und den frühreiferen Italienerhähnen hin; schenkten doch letztere im gleichen Alter den geschmacklichen Besonderheiten ihres Futters keine Beachtung mehr (vgl. S. 21 und Tab. 15). Es ist daraufhin nicht klar abzugrenzen, ob sich die New Hampshire-Hähnchen bei der größeren Futteraufnahme in Gruppe I (vgl. S. 18 und 21) nur vom Bedarf auf Grund ihrer Körpermasse leiten ließen, oder obendrein noch vom Geschmack der Mischung. Vermutlich ergänzten sich beide Einflüsse. Alle Hennen sprachen auf die Rohrzucker-Schrotmischung besser an, was meist in ihrer schnelleren Gewichtsentwicklung, z. T. im Mehrverzehr, in der Bevorzugung der Rohrzuckermischungen oder im Nachlassen der Freßlust zum Ausdruck kam, sobald die Zusätze aufhörten. An ihrer Geschmackswahrnehmung ist nicht zu zweifeln. Ob die New-Hampshire-Hennen weniger schmecktüchtig als die Italienerhennen sind, läßt sich auf Grund der wenigen Versuche mit ihnen nicht entscheiden.

Für die praktische Fütterung lassen sich aus diesen ersten klärenden Versuchen noch keine Ratschläge im einzelnen ableiten. Immerhin hat sich gezeigt, daß sich Futtermischungen für Hennen, und in noch stärkerem Maße für Gänse, durch Rohrzuckerzusätze schmackhafter machen lassen, so daß die Tiere mehr Futter zu sich nehmen und schneller wachsen. Die Wachstumsförderung geht dabei mit dem Energiegehalt des Zuckers einher, für die Annahme eines besonderen „Wachstumsfaktors" besteht kein Grund. Allerdings fehlen vorerst Vergleichsversuche zwischen Mischungen gleichen Energiegehalts mit Zucker einerseits und solchen ohne Zucker anderseits. Eine gewisse Bedeutung können derartige Rohrzuckerzusätze vermutlich am ehesten bei der Gänsemast haben, um den gegen Mastende nachlassenden Appetit dieser Geflügelart anzuregen. Bei der Hähnchenmast wäre die Zuckerzugabe sinnlos, weil die Hähne zu wenig schmeckempfindlich sind. Die Hennen, die auf derartige Zusätze hin wie die Gänse lebhafter fressen, bedürfen im allgemeinen dieser Aufmunterung nicht, weil bei ihnen die natürliche Aufzucht in Junghennenhütten mit Freiauslauf überwiegt.

Während der weiteren Entwicklung über die Legereife bis zur ersten Herbstmauser der einjährigen Hennen traten bei ihnen mehrmals Darmerkrankungen (Durchfall) auf. Vielleicht ist durch die Zuckerzusätze eine gewisse Empfindlichkeit des Verdauungstraktus, oder gar eine Darmschwäche hervorgerufen worden. Histologische und mikrobiologische Untersuchungen liegen allerdings nicht vor.

Zusammenfassung

Hühnerküken (New Hampshire und rebhuhnfarbige Italiener sowie Gössel) wurden von der 3. Lebenswoche an ausschließlich mit einem Schrotgemisch gefüttert, das entweder mit 0,5 bzw. 0,25 molarer Rohrzucker- oder mit 0,5 molarer Milchzuckerlösung angefeuchtet war. Die Hennen und die Gössel fraßen in den ersten 15—20 Min. jeder Fütterung von dem Schrot mit Rohrzuckerzusatz mehr und nahmen schneller zu. Die Hähnchen reagierten auf die verschiedenen Zusätze nicht unterschiedlich. In Zweifach-Wahlversuchen bevorzugten die Hennen Schrotproben mit 0,5 molarer Milchzuckerlösung verhältnismäßig deutlich, die Hähnchen eben merklich oder gar nicht.

Резюме

Цыплятам (породы нью-гемпшир и пестрые итальянки) и гусятам скармливалась с трехнедельного возраста исключительно смесь шрота, увлажненная 0,5 или 0,25 молярным раствором тростникового сахара или 0,5 молярным раствором лактозы. Курочки и гусята с'едали при каждом кормлении в первые 15—20 минут большее количество шрота с примесью тростникого сахара и прибавляли быстрее в весе. У петушков различной реакции на различные примеси не наблюдалось. В опытах с двумя различными добавками к шроту курочки оказали сравнительно ясное предпочтение шроту с 0,5 молярным раствором лактозы, а петушки — едва заметное предпочтение или никакого предпочтения не оказали.

Summary

New Hamsphire- and Brown Leghorn chicks were fed an all mash supplemented with a solution a) of 0,5 or 0,25 molar saccharose (50 ml/100 gm) or b) 0,5 molar Lactose. The hens and geese picked up more of the mash added with saccharose in the first 15—20 min. of the daily feedings and grew better. The male chicks did not discriminate the various sugar — mash mixtures. In double choice situations hens preferred the diet with 0,5 molar saccharose solution rel. exactly for such with 0,5 molar lactose solution, while the cockerels gave no clear response.

Literaturverzeichnis

[1] BOGNER, PH. u. H. HAINES: Devolopment of intestinal selective absorption of glucose in newly hatched chicks. Proc. Soc. exp Biol. Med. 1961, **107**, 265—276.

[2] DAM, H.: Galactose — poisoning in chicks. Proc. Soc. Exp. Biol. Med. 1944, **55**, 57—59.

[3] ENGELMANN, C.: Über die Futterwahl des Geflügels, Versuche mit Geschmackszusätzen zu üblichen Futtermischungen. Arch. Geflz. u. Kleintierk. 1961, **10**, 165—177.

[4] ENGELMANN, C.: Versuche über den Geschmackssinn von Taube, Ente und Huhn. Z. vergl. Physiol. 1934, **20**, 626—645.

[5] —: Die Beeinflussung der Annahme fester Futterstoffe durch Veränderung ihres Feuchtigkeitsgehaltes sowie ihrer Temperatur. Z. f. Tierpsychol. 1950, **7**, 240—264.

[6] —: Über die Futterwahl des Geflügels. Versuche mit Geschmackszusätzen zu üblichen Futtermischungen. Arch. f. Geflügelzucht u. Kleintierkunde 1961, **10**, 310—320.

[7] FOX, M. R. u. G. M. BRIGGS: Effects of dietary lactose upon chicks fed a purified diet Poultry Sci. 1959, 964—968.

[8] ROMOSER, G. L. u. M. S. SHORB u. a.: Effect of antibiotics and diet composition on fecal bacteria and growth of chicks. Antibiotics and Chemotherapy, 1952, **2**, 42—50.

[9] RUTTER, W. J., KRICHEVSKY, H. M. SCOTT u. R. G. HANSON: The metabolism of lactose and galactose in the chick. Poultry Sci. 1953, **32**, 706—715.

[10] SOEDARMO, D. M., KARE u. R. H. WASSERMANN: Observations on the removal of sugar from the mouth and the of the chicken. Poultry Sci. 1961, **40**, 123—128.

Verfasser: Dr. phil. C. ENGELMANN, Rostock, Klement-Gottwald-Str. 9.

Aus dem VEB Binnenfischerei Peitz

S. EPPEL

Die Entwicklung und Durchführung der Entenmast in der Freiwasserhaltung in Verbindung mit der Karpfenzucht

Eingegangen: 20. 7. 1962

Meine Ausführungen sollen einen kurzen Überblick über die Nebenproduktion Entenmast im VEB Binnenfischerei Peitz geben. Mit der Entenmast wurde in unserem Betrieb im Jahre 1955 begonnen. 1956 wurde in der Teichwirtschaft Stradow der erste Versuch gemacht, in der Freiwasserhaltung Enten zu mästen. Es muß hierbei betont werden, daß dies damals in der DDR überhaupt der erste Versuch war, in der Freiwasserhaltung Enten in der Schnellmastmethode zu mästen. Erfahrungen lagen lediglich aus den Teichwirtschaften der ČSSR, Ungarn und Polen vor.

Die Freiwasserhaltung wird in der Binnenfischerei durchgeführt, um höhere Erträge in der Fischproduktion zu erzielen. Wissenschaftliche Untersuchungen über die Steigerung der Fischerträge durch Entenhaltung wurden bereits in den 30er Jahren von WOHLGEMUTH und PROBST vorgenommen. (nach KRAUSE)

WOHLGEMUTH erzielte bei 240 Enten je ha auf einem Versuchsteich in Wielenbach einen um 73,3 kg/ha höheren Fischertrag gegenüber dem Versuchsteich ohne Enten. Obwohl die Enten nur 30 Tage auf dem Teich waren, konnte ein Mehrertrag von 0,28 kg je Ente erzielt werden.

PROBST setzte in Wielenbach diese Versuche fort.

1931 wurden ebenfalls 240 Tiere, je ha umgerechnet, auf dem Versuchsteich gehalten. Der Mehrzuwachs je ha betrug gegenüber dem Versuchsteich ohne Enten 206,4 kg. Das macht einen Mehrertrag von 0,98 kg je Ente. Derselbe Versuch wurde 1932 wiederholt. Der Mehrertrag durch Enten betrug 398,5 kg bzw. mit Brut 432,4 kg/ha. Der Mehrertrag je Ente umgerechnet betrug 1,66 kg bzw. 1,80 kg mit Brut. In den beiden letzten Fällen wurden die Enten etwas über 6 Monate auf dem Teich gehalten.

Der Nachweis über die Steigerung der Fischproduktion durch Entenhaltung wurde somit bereits vor 30 Jahren erbracht, so daß es über die Grundfragen der Bedeutung zur Steigerung der Fischerträge durch Entenhaltung auf den Teichen keine Zweifel mehr gibt.

Wie wird nun in unserem Betrieb die Freiwasserhaltung durchgeführt?

Es werden geeignete Teiche mit flachen Partien, geschützten Stellen und trockenen Lagerplätzen für die Enten ausgesucht. Die Mastplätze sollen gegen Raubwild und gegen sonstige Beunruhigungen möglichst geschützt sein.

Bei der Entwicklung der Entenmast in unserem Betrieb gab es bestimmte Schwerpunktprobleme zu überwinden.

1. Die Bereitstellung der Küken

Zu Beginn der Entenhaltung waren wir auf die Zulieferung von Entenküken aus anderen Betrieben angewiesen. So haben wir z. B. in den esten Jahren aus vier bis fünf verschiedenen Betrieben der Republik und 1956 sogar aus Ungarn Entenküken erhalten. Es war klar, daß wir durch die Lieferung aus fremden Betrieben in starkem Maße von diesen in unserer Produktionsentwicklung abhängig waren. Außerdem bestand die Gefahr, daß verschiedene Krankheitserreger mit eingeschleppt werden konnten. Ab 1958 wurde mit dem Aufbau einer eigenen Legeherde und Brüterei begonnen und seit 1960 werden sämtliche Entenküken in der eigenen Brüterei von den in unseren Teichwirtschaften gehaltenen Legeherden erbrütet. Es gibt zwar bestimmte Schwierigkeiten bei der Unterbringung der Legeherden, da die Teiche im Herbst abgelassen werden müssen, aber wir können feststellen, daß sich seit dieser Zeit die Entenmast sprunghaft entwickelt hat.

2. Die Verhinderung der Ausbreitung von Krankheiten und Seuchen

Wie bei jeder konzentrierten Tierhaltung ist auch bei der Entenmast die Ausbreitung von seuchenhaften Erkrankungen eine große Gefahrenquelle.

Aus diesem Grunde wurde der Aufbau der Entenmast und Aufzucht so durchgeführt, daß keine allzugroße Konzentration erreicht wird.

So werden z. B. unsere Legeherden an drei bis vier Stellen in den einzelnen Teichwirtschaften gehalten. Die Herdengröße beträgt ungefähr 1000 Tiere. Durch den Antransport der Eier entstehen zwar höhere Kosten, aber die Gefahr der Ausbreitung von Krankheiten ist bedeutend geringer, bzw. es wird niemals der gesamte Legeentenbestand befallen.

Die Kükenaufzucht wird in 6 verschiedenen Aufzuchtstationen, die räumlich bis zu 80 km auseinander liegen, durchgeführt.

Die Brüterei ist als Großanlage mit einer jährlichen Kapazität bis zu 300000 Küken in Kathlow, Krs. Cottbus, neu gebaut worden. Es soll hierbei erwähnt werden, daß die Brüterei und auch die Aufzuchtstationen durch Investitionsmittel und Investitionskredite von der Deutschen Bauernbank, massiv und nach unserer Meinung nach den neuesten Erkenntnissen, gebaut wurden.

Die Mast der Enten erfolgt auf vielen Teichen unseres Betriebes. So werden z. B. in diesem Jahr die Enten auf ungefähr 30 verschiedenen Teichen gemästet. Auf einem Mastlpatz werden höchstens 2 Durchgänge im Jahr gehalten. In der weiteren Entwicklung streben wir an, daß an einer Stelle des Teiches nur ein Durchgang gehalten wird. Durch das sprunghafte Ansteigen der Produktion konnten wir jedoch dieses Prinzip bis jetzt nicht voll durchführen.

Trotz dieser räumlichen Trennung unserer Legeherden-Aufzucht und Mast, oder vielleicht gerade durch diese, haben wir eine stabile Großproduktion in der Entenzucht und Mast erreicht.

3. Die Beschaffung der notwendigen Futtermittel

Da der VEB Binnenfischerei Peitz über keinerlei eigene Futtergrundlage verfügt, sind wir auf die Zulieferung aus dem staatlichen Futtermittelfonds angewiesen. Bei der angespannten Lage auf dem Futtermittelmarkt war es nicht immer möglich, die Futtermittel kontinuierlich und artengerecht zu erhalten.

Welche Schwierigkeiten und Nachteile dies mit sich bringt, wird sicher jeder einschätzen können.

Welche Vorteile bringt uns die Freiwasserhaltung?

1. Zur Durchführung der Mast auf den Teichen werden praktisch überhaupt keine Investitionen für Stall und Unterbringung benötigt.

Zur Unterbringung der Enten in den ersten Tagen werden nur ganz einfache und primitive Schilfhütten gebaut.

2. Die Enten haben auf dem Teich aufgrund der sehr sauberen und natürlichen Haltung eine gute Entwicklung. Die Federqulität ist ausgezeichnet. Da die Ente ein Wasservogel ist, fühlt sie sich auf unseren Teichen offensichtlich recht wohl.

3. Durch die Einsparung der aufwendigen Arbeiten, wie Entmisten, Wasserversorgung, Sauberhalten der Anlagen u. a., wird eine sehr hohe Arbeitsproduktivität erzielt. In unserem Betrieb werden mit Hilfe der Futterautomaten von einer Person bis zu 10000 Enten betreut. Es ist praktisch so, daß in diesem Jahr jeder Schub 5000 bis 6000 Enten groß ist.

4. Durch die Freiwasserhaltung der Enten auf unseren Teichen erfolgt eine natürliche Ausnutzung der im Teich vorhandenen Nahrung. Auf diese Weise kann teilweise in der Mastperiode auf dem Teich eine Eiweißeinsparung bis zu 10% erfolgen.

5. Die Vorteile für die Erhöhung der Fischproduktion wurden bereits durch die angeführten Beispiele von WOHLGEMUTH und PROBST aufgezeigt.

Die Erfahrungen in unserem Betrieb zeigen, daß wir ganz ähnliche Ergebnisse durch die Freiwasserhaltung der Enten erzielen. Entsprechende Veröffentlichungen wurden bereits von der „Deutschen Fischereizeitung“ durch BLUME vorgenommen.

Nachteile der Freiwasserhaltung!

1. Da die Enten vollkommen frei auf den Teichen gehalten werden, entstehen höhere Verluste durch Raubzeug oder Raubwild. So haben wir z. B. in einer einzigen Nacht in diesem Jahr in der Teichwirtschaft Glinzig über 200 Tiere durch den Fuchs eingebüßt. Ähnliche Verluste traten auch in der Teichwirtschaft Peitz auf dem Hälterteich und in Lacoma auf.

2. Durch die Freiwasserhaltung der Enten können auch Beschädigungen an den Teichdämmen auftreten.

3. Unter Umständen können bei einigen Teichen auch Fischverluste durch zu starke organische Düngung auftreten, wenn zuviel Enten auf dem Teich gehalten werden. (Bisher ist im VEB Binnenfischerei Peitz nur 1 Fall aufgetreten, und zwar auf dem Schenkendöberner See.)

4. Es soll nicht unerwähnt bleiben, daß auch Futterverluste durch die vielen Wildenten und andere Wasservögel auftreten können.

Dies sind aber alles Ursachen, die bei richtiger Auswahl der Teiche, bei dem entsprechendem Schutz der Tiere und bei richtiger Haltung und Fütterung der Enten, durchaus vermieden werden können. Es ist Aufgabe der Betriebe, diese Ursachen zu beseitigen.

Einschätzung und Auswertung der Ergebnisse der letzten Jahre.

Jahr	Legeleistung einlagef. Eier	Schlupf %	Küken je Legeente	Verluste bis zu 3 Wochen	Verluste insgesamt
1960	103,3	63,77	63	4,79	7,69
1961	101,0	62,37	58	6,73	12,5
1962 b. 30. 6.	96,0	75,6	57,8	2,17	5,2

Jahr	Stück	kg	Ø kg je Ente	Sorte I %	Kosten je Ente	Gewinn je Ente	Futter je kg/Ente
1958	18873	44675	2,36	64,6	6,84	6,84	4,49
1959	38520	95464	2,48	83,8	7,29	7,77	4,45
1960	92974	233418	2,5	86,4	7,78	4,30	4,08
1961	150176	354504	2.36	22,0	6,87	3,30	4,1
1962 b. 30. 6.	73471	186274	252	76,0			3,87

Es muß jedoch betont werden, daß für die Jahre 1958/59 die freien Aufkaufpreise bei den Mastenten bezahlt wurden und in den Jahren 1960/61 nur die VEG-Abgabepreise. im Jahre 1962 erhalten wir wieder wie alle anderen Betriebe die freien Aufkaufpreise.

Die angegebenen finanziellen Zahlen ergeben sich ohne die Gewinne bei den Legeherden und der Brüterei. Wenn die Gesamtergebnisse der Entenmast abgerechnet werden, so müssen die Gewinne aus den Ergebnissen der Brüterei mit dazugeschlagen werden.

Wie aus den dargelegten Zahlen zu entnehmen ist, sind die Ergebnisse des Jahres 1961 bedeutend schlechter als in den vorangegangenen Jahren. Dies ist darauf zurückzuführen, daß im Jahre 1961 nicht genügend Futtermittel zur Verfügung standen. Die Futtermittel wurden für die Enten rationiert, dadurch sollte eine Futtermitteleinsparung erzielt werden. Wir mußten aber feststellen, daß der Futtermittelverbrauch durch die Rationierung nicht gesunken, sondern gestiegen ist.

Gleichfalls hatten wir im Jahre 1961 auch in der Kükenaufzucht und Mast höhere Verluste. Dies ist darauf zurückzuführen, daß im Jahre 1961 nicht genügend Aufzuchtställe vorhanden waren. Die Küken mußten bereits mit 18 Tagen auf die Teiche gesetzt werden und die Aufzuchtställe waren bedeutend überbelegt. Teilweise mußten bis zu 50 Tiere je qm gehalten werden.

Die Erfahrungen des Jahres 1961 wurden gründlich ausgewertet und für dieses Jahr die entsprechenden Schlußfolgerungen gezogen. Die Küken werden jetzt in den Aufzuchtstationen bis zu 21 Tagen gehalten und so gefüttert, daß sie bei Auslieferung ein Gewicht von 650 g bis 750 g je Tier erreichen. In den Aufzuchtstationen wird bereits mit Futterautomaten gefüttert, damit sich die Tiere an diese gewöhnen können. Zur Vorbereitung auf die Freiwasserhaltung sind in allen Aufzuchtstationen sogenannte Baderinnen vorhanden. In diesem Jahr werden je Stallfläche in den Aufzuchtstationen 30 Tiere pro Quadratmeter im Durchschnitt gehalten.

Durch die richtigen Schlußfolgerungen aus den Erfahrungen des vergangenen Jahres sind unsere Ergebnisse in diesem Jahr bedeutend verbessert worden. Wir haben im Durchschnitt bis zum jetzigen Zeitpunkt je Mastente 150 g mehr erreicht.

Trotz der starken Entwicklung der Entenaufzucht und Mast in unserem Betrieb wurde die Hauptproduktion nicht vernachlässigt. Dies ist daraus zu ersehen, daß sich die Hektarerträge in den letzten Jahren in der Fischproduktion erhöht haben.

Gesamtzuwachs/kg/ha

1956	1957	1958	1959	1960	1961	1962 Plan
258,6	324,6	439,3	457,2	449,7	429,3	465,8

Arbeitsproduktivität je Produktionsarbeiter:

Arbeitsproduktivität je Produktionsarbeiter in DM.

1956	1957	1958	1959	1960	1961	1962 Plan
17208	18607	23031	33900	37582	38682	40849

Wir schätzen ein, daß im Jahre 1962 eine Arbeitsproduktivität je Produktionsarbeiter von ca. 45 000,— DM erreicht wird.

Diese großen Erfolge konnten nur erreicht werden, indem die Entenmast in enger Verbindung mit der Karpfenproduktion durchgeführt wurde. In unserem Betrieb erfolgt arbeitsmäßig keine Trennung zwischen Entenhaltung und Fischereiproduktion. Die gesamte Steigerung sowohl in der Fisch- als auch in der Entenproduktion wurde im wesentlichen mit den gleichen Arbeitskräften durchgeführt.

Zusammenfassung

Es wird ein Überblick über die Nebenproduktion Entenmast im VEB Binnenfischerei Peitz gegeben. Durch die Kombination der Entenmast mit der Karpfenproduktion wurden große Erfolge erzielt.

Резюме

Дается обзор побочного откорма уток в народном предприятии ,,рыболовство в озерах и реках". Благодаря комбинации откорма уток с производством карпа достигаются хорошие результаты.

Summary

There is a survey given about the by-productive duck-mast at the nationally owned river and lake fishery. By the combination of duck-mast and carp-production good successes are being achieved.

Literaturverzeichnis

[1] BLUME, H., Entenmast in Verbindung mit der Karpfenzucht. Deutsche Fischerei-Zeitung 7. 196—204, Juli 1960.

[2] KRAUSE, C., Der heutige Stand der Entenhaltung auf Fischteichen unter dem Gesichtspunkt der teichwirtschaftlichen Betriebsführung. Diplomarbeit an der Humboldt-Universität Berlin (unveröffentlicht).

Verfasser: Fischzuchtmeister SEPP EPPEL, VEB Binnenfischerei Peitz.

H. BUSSE

Weitere Untersuchungen über die Gewichtsentwicklung junger Fasane

Eingegangen: 1. 6. 1962

In einer ersten vorläufigen Mitteilung wurden von BUSSE (1960) Untersuchungsergebnisse über die Gewichtsentwicklung zweier Gruppen junger Fasane vom 1. bis zum 154. bzw. dem 162 Lebenstage bekanntgegeben. Da die Aufzucht der beiden Fasanengruppen damals unter nicht völlig vergleichbaren Bedingungen erfolgte, erschien eine Wiederholung der Untersuchungen unter vergleichbaren Aufzuchtbedingungen angeraten.

1961 wurde ebenfalls mit 2 Fasanengruppen A und B gearbeitet.
Der Untersuchungszeitraum erstreckte sich 1960 über die Zeit vom 20. 5. 1960 bis zum 29. 10. 1960. 1961 wurden die Untersuchungen in der Zeit vom 3. 6. 1961 bis zum 28. 10. 1961 vorgenommen.

1960 waren die Fasanen bei Versuchsende 154 bzw. 162 Tage alt, 1961 wurden die Tiere bis zum 140. bzw. dem 148. Tage beobachtet.

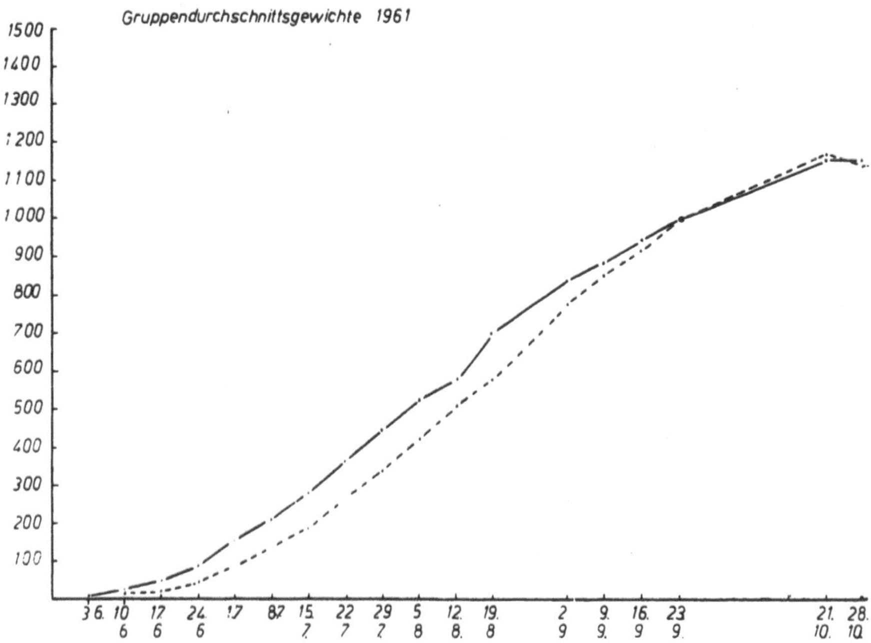

Versuche 1961 Gruppendurchschnittsgewichte vergleichend —— GruppeA, geschlüpft am 3.6.61 50% Schlupfergebnis
Durchschnittsgewichtsgleichheit am 23.9.61 Gruppe A 112 Tage.
Gruppe B 105 Tage alt 55% Schlupfergebnis

Abb. 1a

Tabelle 1

Gruppendurchschnittsgewicht bei den einzelnen Wägungen 1961

Gruppe	3. 6. 61	10. 6. 61	17. 6. 61	24. 6. 61	1. 7. 61	8. 7. 61	15. 7. 61	22. 7. 61	29. 7. 61	5. 8. 61	12. 8. 61	19. 8. 61	2. 9. 61	9. 9. 61	16. 9. 61	23. 9. 61	21. 10. 61	28. 10. 61
A	9.73	24.5	47,66	87,66	152.66	205.66	274.44	360.0	443.4	515.2	576.9	696.1	829.5	876.3	934.6	984	1.145.5	1.140.9
B	—	16.08	21.40	45.03	82.25	130.40	188.56	264.8	334.4	419.83	500.53	571.53	769.73	841.4	901.1	984.3	1.159.2	1.129.6
Gr. Gew. Diff.	—	8.42	26.26	42.63	70.41	75.26	85.88	95.2	109.1	95.37	76.37	125.57	59.77	34.9	33.5	—	86.3	11.3

Tabelle 2

Gewichtszunahmen beider Gruppen in den einzelnen Wägeabschnitten 1961

Gruppe	3. 6. 61	10. 6. 61	17. 6. 61	24. 6. 61	1. 7. 61	8. 7. 61	15. 7. 61	22. 7. 61	29. 7. 61	5. 8. 61	12. 8. 61	19. 8. 61	2. 9. 61	9. 9. 61	16. 9. 61	23. 9. 61	21. 10. 61	28. 10. 61
A	—	14.77	23.16	40.0	65.0	53.00	68.78	85.56	83.50	71.70	61.70	119.20	133.40	46.80	58.30	49.70	161.20	—4.60
B	—	—	5.32	23.63	37.22	48.15	58.16	76.24	69.60	85.43	80.70	71.00	198.20	71.67	59.70	83.20	174.90	—29.60
Diff.																		

Tabelle 3

Gewichtsvergleich der Gruppen A zwischen den Jahren 1960 und 1961

1960	17.5 20.5	26.2 28.5.61	55.0 4.6	93.3 11.6	172.03 18.6	239.5 25.6	311.05 2.7	386.40 1.7	535.55 16.7	688.5 23.7	717.2 30.7	783.0 6.8	841.6 13.8	911.1 20.8	945.5 28.8	994.4 3.9	1074.4 10.9
1961	9.73 3.6.61	24.5 10.6.61	87.66 24.6.61	152.66 1.7.61	205.66 8.7.61	274.44 1.7.61	360.0 22.7.61	443.5 29.7.61	515.2 5.8.61	576.9 12.8.61	696.1 19.8.61	— —	829.5 2.9.61	876.3 9.9.61	934.6 16.9.61	984.3 23.9.61	— —
	—7.77	—1.70	+32.66	+59.36	+33.63	+34.94	+48.95	+57.1	—20.35	—111.6	—21.1	—	—12.1	—34.80	—10.9	—10.1	—

1960	1085.5 17.9	1.108.6 25.9	1.134.3 2.10	1.122.4 9.10	1.184.21 15.10	1.203.2 22.10
1961	— —	— —	— —	1.145.5 21. 10.61	1.140.9 28. 10. 61	— —
	—	—	—	+23.1	—43.31	—

1960 betrug bei der Gruppe A nach 155 Versuchstagen das durchschnittliche Lebendgewicht 1203,8 g und bei der Gruppe B nach 154 Versuchstagen 938,1 g. In diesem Jahre hat die Gruppe A vom Schlupftage (20. 5. 1960) an insgesamt 1186,2g in 155 Tagen bei einem täglichen Gewichtszuwachs von 7,65 g zugenommen.

In der Gruppe B betrug in 154 Versuchstagen die Gesamtzunahme 918,6 g, der täglich Zuwachs also 5,96 g.

1961 belief sich die Versuchsdauer bei Gruppe A auf 148, bei Gruppe B auf 140 Tage bei gleichen Haltungsbedingungen während der Aufzucht. Bei Versuchsende wog die Gruppe A 1140,9 g, die Gruppe B 1129,68 g. Die Gruppe A erhöhte in 148 Tagen ihr Gewicht um insgesamt 1131,17 g bei einem täglichen Zuwachs von 6,64 g (Tab. 1 bis 3 und Abb. 1).

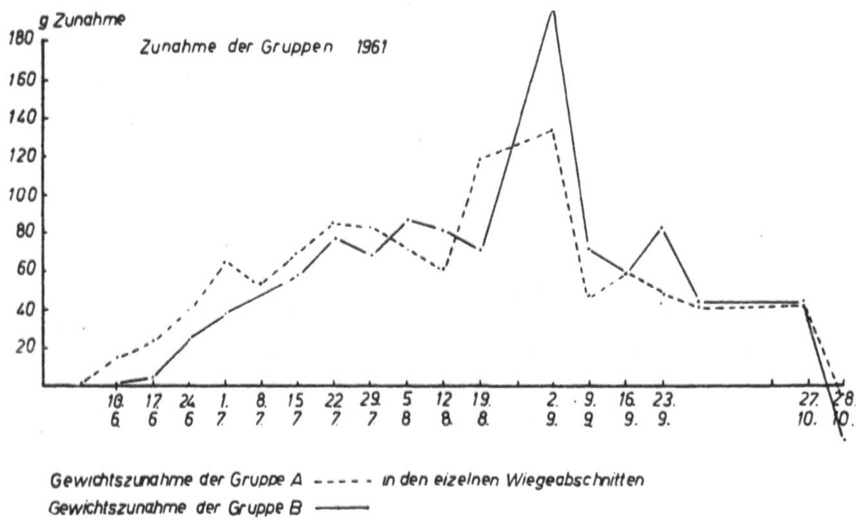

Abb. 1b

Gruppe B nahm in 140 Versuchstagen insgesamt 1.113.52 g bei einem täglichen Gewichtszuwachs von 7,95 g zu.

Am 14. Lebenstage der Gruppe B und am 21. Lebenstage der Gruppe A wurden 1961 sämtliche Tiere durch einen numerierten Fußring gekennzeichnet. Auf diese Weise ist eine vergleichende Betrachtung der Gewichtsentwicklung der Hähne und Hennen bereits von diesem Zeitpunkt an möglich.

Die Gewichtsentwicklung der Fasanen in den beiden Versuchsjahren wird in der Tabelle 4 noch einmal übersichtlich zusammenfassend dargestellt.

Auf Grund dieser Übersicht haben die Fasanen der Gruppe A im Jahre 1961 eine um 7 Tage kürzere Versuchsperiode durchlaufen. Das Anfangsgewicht der Gruppe A betrug 1961 nur 55,6% des Anfangsgewichtes der Gruppe A im Jahre 1960. Bei Versuchsende waren diese Tiere auch 62,9 g leichter als die Fasanen der Gruppe A im Vorjahre und haben somit nur 95% des Endgewichtes dieser Gruppe erreicht.

Tabelle 4

Vergleichende Übersicht über die Gewichtsentwicklung zweier Fasanengruppen 1960 und 1961

Jahr	Zahl der Versuchstage		Anfangs-gewicht		Endgewicht		Gesamtzunahme in g		tägliche Zunahme in g	
	A	B	A	B	A	B	A	B	A	B
1960	155	154	17,50	19,50	1203,8	938,1	1186,3	918,6	7,65	
1961	148	140	9,73	16,08	1140,9	1129,6	1131,17	1113,52	7,64	7,95
Diff. zw. d. Jhr.	—7	—14	—7,77	—3,42	—62,9	+191,5	—55,13	+194,92	—0,01	+1,99
1961 i. Vh. zu 1960			55,6%	82,4%	95%	+16,96%	93,85	115,8%	99,86%	125,1%

Ihre Gesamtzunahme betrug nur 93,85% der Zunahme der Gruppe A im Jahre 1960, ihre ∅ Tageszunahme war jedoch auf Grund der kürzeren Versuchsdauer im Jahre 1961 nur unwesentlich, d. h. 0,01 g geringer als bei der Vergleichsgruppe im Vorjahre.

Anders lagen die Verhältnisse bei der Gruppe B

Hier standen die Tiere 1961 eine um 14 Tage kürzeren Zeitspanne als 1960 unter Beobachtung. Im Jahre 1961 betrug bei den Fasanen der Gruppe B das Schlupfgewicht 82,4% des Anfangsgewichtes der Gruppe B im Jahre 1960, das Endgewicht lag jedoch 1961 um 16,96% über dem der Vergleichsgruppe des Vorjahres, die Gesamtzunahmen übertrafen die Zunahmen von 1960 um 15,8% und die täglichen Gewichtzunahmen den korrespondierenden Wert des Jahres 1960 um 25,1%.

Die Gruppe B des Jahrganges 1961 hatte also trotz eines um 17,6% geringeren Schlupfgewichtes die Gruppe B des Jahres 1960 im Endgewicht, der Gesamtzunahme und der täglichen Zunahme übertroffen. Zu diesen Differenzen kann im Vorjahre die Belastung der Fasanenküken der Gruppe B während der ersten 3 Lebenstage durch die Haltung in in einer überhitzten, geschlossenen Voliere beigetragen haben. In Anbetracht der kurzen Dauer der Belastung ist es jedoch fraglich, ob die gefundene Gewichtsdifferenz allein hierauf zurückzuführen ist. Trotz des geringen Schlupfgewichtes der Gruppe A im Jahre 1961 (55,6% des Schlupfgewichtes der Gruppe A im Jahre 1960) hat diese gegenüber der Gruppe A im Jahre 1960 ein nur um 5% geringeres Endgewicht, eine 6,15% schlechtere Gesamtzunahme und eine 0,014% niedrigere Tageszunahme zu verzeichnen, was als ein verhältnismäßig günstiges Ergebnis zu bewerten ist. Da 1960 und 1961 die jeweilige Gruppe A unter vergleichbaren Haltungsbedingungen aufgezogen wurde, ist ihre Gewichtsentwicklung in der Abb. Nr. 1 vergleichend dargestellt (Abb. 2). Trotz ihres geringeren Schlupfgewichtes übertraf die Gruppe A des Jahres 1961 die Gruppe A des Vorjahres vom Ende der ersten bis zum Ende der siebenten Lebenswoche in der Körpergewichtsentwicklung.

Vom Ende der 8 Lebenswoche an bis zur 19 Lebenswoche waren 1960 die Fasanen der Gruppe A schwerer als die der Gruppe A im Jahre 1961.

In der 20. Lebenswoche übertrafen 1961 die Fasanen der Gruppe A die der Gruppe A im Jahre 1960 um etwa 30 g Lebendgewicht, um dann während der letzten beiden

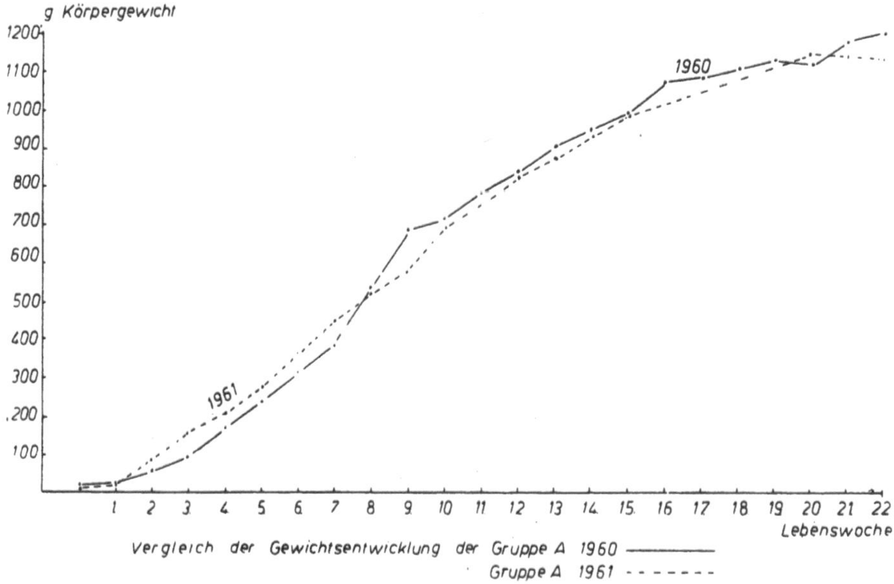

Abb. 2

Wägeperioden ihnen im Körpergewicht um etwa 30 bis 40 g unterlegen zu sein. Im Vergleich zur Gewichtsentwicklung der Gruppe A im Jahre 1960 lag 1961 bei der betreffenden Gruppe die kritische Periode zwischen der 7. und der 9. Lebenswoche.

Die Entwicklung der Gewichtszunahme der beiden Fasanengruppen im Versuchsjahre 1961 (s. Tab. 1 und 2)

Die Entwicklung der Zunahme der beiden Fasanengruppen nahm 1961 folgenden Verlauf:

Bis zum 29. 7. 1961, dem 56. Lebenstage der Gruppe A und dem 49. Lebenstage der Gruppe B waren bei Gruppe A die Zunahmen höher als bei Gruppe B. Am 5. 8. 1961 übertraf die Gruppe B die Gruppe A erstmalig in der Gewichtszunahme, desgleichen am 12. 8. 1961. In diesem Zeitabschnitt waren die Fasanen der Gruppe A jeweils 63 bzw. 70 Tage und die der Gruppe B 56 bzw. 63 Tage alt. Am 19. 8. 1961 hatte jedoch die Gruppe A wiederum höhere Zunahmen erreicht, während die Gruppe B etwa 9,0 g weniger als in der vergangenen Wägeperiode Zunahme zu verzeichnen hatte. Vom 2. 9. bis 21. 10. 1961, also dem 91. bis 140. Lebenstage der Gruppe A, bzw. dem 84. bis 133. Lebenstage der Gruppe B lagen die Zunahmen der Gruppe B stets über denen der Gruppe A. Der im letzten Wägeabschnitt bei deiden Gruppen

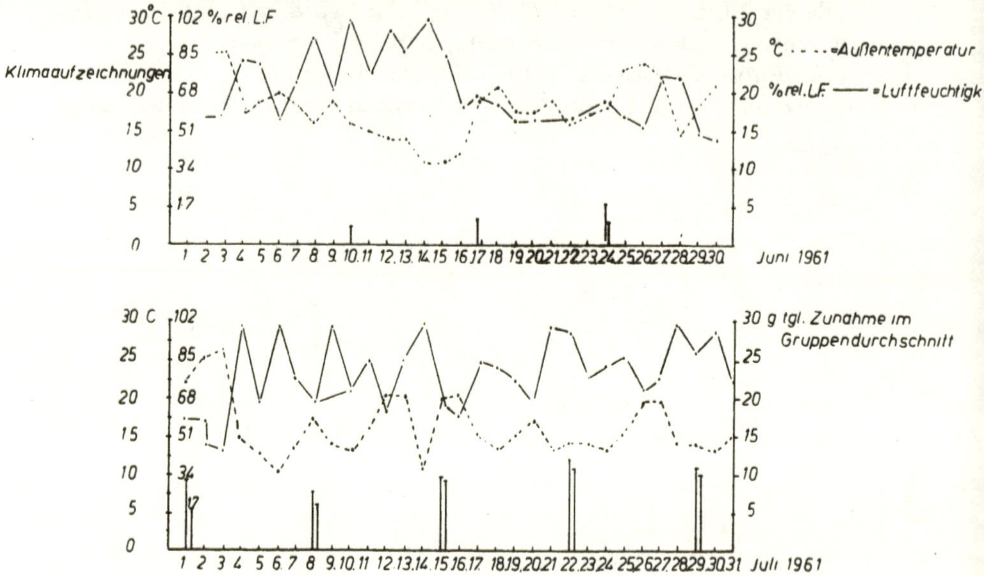
Klimaaufzeichnungen
30°C 102 %rel.L.F
°C - - - - =Außentemperatur
%rel.LF —— =Luftfeuchtigk
Juni 1961
30 g tgl. Zunahme im Gruppendurchschnitt
Juli 1961

Abb. 3

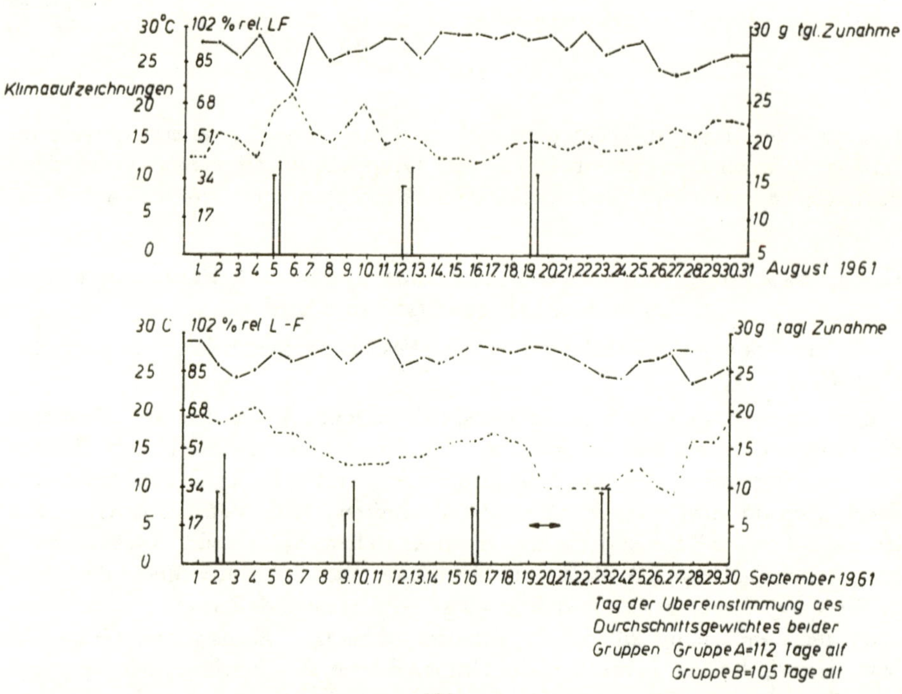
Klimaaufzeichnungen
30°C 102 %rel. LF
30 g tgl. Zunahme
August 1961
30 C 102 % rel L-F
30g tagl Zunahme
September 1961
Tag der Übereinstimmung des Durchschnittsgewichtes beider Gruppen Gruppe A=112 Tage alt
Gruppe B=105 Tage alt

Abb. 4

zu verzeichnende Gewichtsverlust ist allerdings bei Gruppe B auch beträchtlich höher (—29,6 g) als bei Gruppe A (— 4,6 g). Am 23. 9. 1961, dem 112. Lebenstage der Gruppe A und dem 105. Lebenstage der Gruppe B hatte die Gruppe B die Gruppe A im Gesamtkörpergewicht eingeholt.

Über die Ursachen der verminderten Wachstumsintensität der Gruppe A vom 5. 8. 1961, dem 63. Lebenstage an, können keine gesicherten Angaben gemacht werden.

Vom 2.—4. 8. 1961 war zwar ein Temperaturabfall (Abb. 3—5) von 16 auf 13 °C und vom 4. zum 5. 8. 61 ein Temperaturanstieg von 13 auf 18 °C zu verzeichnen. Es erscheint jedoch als nicht begründet, daß gerade die ältere Gruppe auf derartige meteorologische Veränderungen mit einer Verminderung der Zunahmen hätte reagieren müssen.

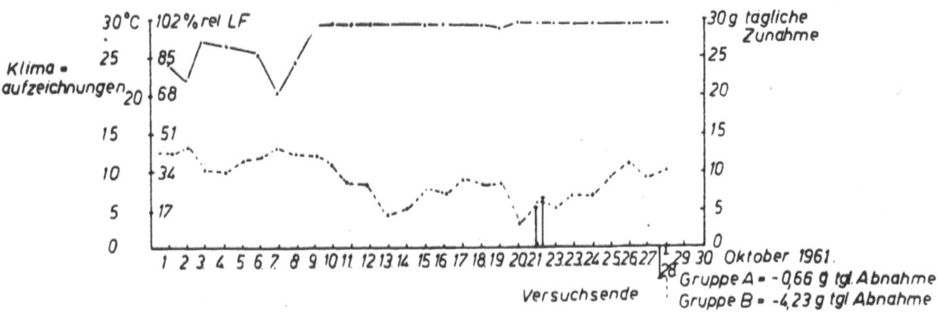

Abb. 5

Abgesehen davon zeigen die Zunahmen der Gruppe B, obwohl sie vom 5.—12. 8. 1961 über denen der Gruppe A lagen (Tabelle 1 + 2), bis zum 19. 8. 1961 eine fallende Tendenz.

Inwieweit das geringere Schlupfgewicht der Gruppe A, das nur 60,4% des Schlupfgewichtes der um eine Woche jüngeren Gruppe B betrug, einen negativen Einfluß auf die Widerstandsfähigkeit gegenüber späteren klimatischen oder sonstigen Belastungen ausgeübt hat, bleibt dahingestellt.

In diesem Falle müßte das Zurückbleiben in den Gewichtszunahmen als dispositionelle Schwäche betrachtet werden, da ein Altersunterschied von nur einer Woche hierbei nicht als ausschlaggebender Faktor angesehen werden kann.

Ob von Anfang August 1961 an eine Differenz in der nährstoffmäßigen Zusammensetzung der Futterration, insbesondere deren Gehalt an tierischem Eiweiß die unterschiedlichen Gewichtszunahmen der beiden Gruppen bedingt hat, läßt sich, wie bereits ausgeführt, infolge der praktischen Durchführung der Untersuchungen nicht klar entscheiden. Da jedoch vor und nach dem kritischen Zeitpunkte die Gewichtszunahmen beider Gruppen in der Tendenz und bezüglich des Lebensalters übereinstimmten, kann dies nicht behauptet werden.

Im Hinblick auf das angeschnitttene Problem eines evtl. Einflusses dispositioneller Faktoren auf die Entwicklungsintensität wachsender Fasanen erweist es sich als notwendig, in künftigen Untersuchungen durch Fallnestkontrollen und Kennzeichnung der Eier einen exakten Überblick über die Herkunft der Kücken von bestimmten Elterntieren, das Alter und die evtl. nachweisbaren Aufzuchtleistungen der Eltern zu erhalten.

Die Gewichtsentwicklung der Hähne und Hennen im Jahre 1961 (Abb. 6 u. 7 und Tab. 4)

Abb. 6

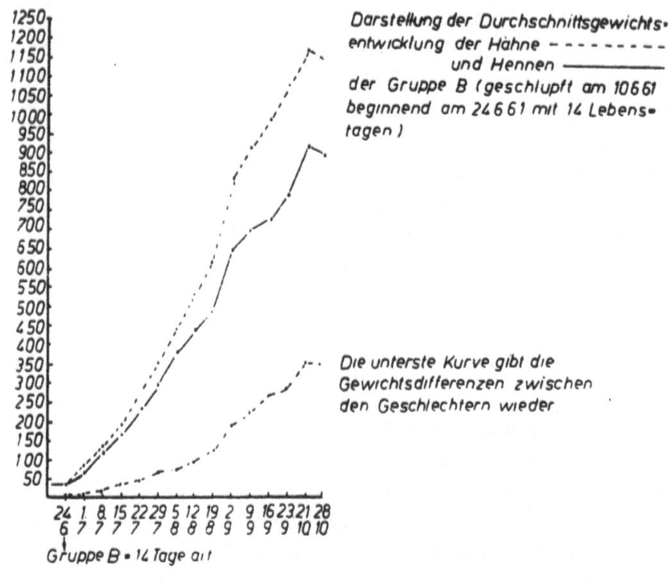

Abb. 7

Tabelle 5

Hahn-Hennen-Gewichte- und ihre Differenzen

Daten	24. 6. 61		1. 7. 61		8. 7. 61		15. 7. 61		22. 7. 61		29. 7. 61		5. 8. 61		12. 8. 61	
Gruppe	A	B	A	B	A	B	A	B	A	B	A	B	A	B	A	B
Alter in Tg.	21	14	28	21	35	28	42	35	49	42	56	49	63	56	70	63
Hähne ∅-Gew.	88,1	46,3	155,6	85,4	210,6	136,2	283,9	197.6	371,0	279,4	460,0	354,7	541,2	443.45	·620.8	531,9
Hennen ∅-Gew.	87,12	40,4	149,0	76,8	199,5	118,8	262,6	164,4	346,2	235,6	423,5	294,0	457,7	372,6	522,0	437,8
Gew.-Diff.	0,98	5,9	6,6	8,6	11,1	17,4	21,3	33,2	24,8	43,8	36,5	60,7	83,5	70,85	98,8	94,1

Daten	19. 8. 61		2. 9. 61		9. 9. 61		16. 9. 61		23. 9. 61		21. 10. 61		28. 10. 61	
Gruppe	A	B	A	B	A	B	A	B	A	B	A	B	A	B
Alter in Tg.	77	70	91	84	98	91	105	98	112	105	140	133	147	140
Hähne ∅-Gew.	749,2	612,7	924,6	833,3	928,6	915,5	1058,6	987,75	1122,4	1080,4	1272,2	+1278,4	—12700	1246,4
Hennen ∅-Gew.	629,7	489,2	710,7	642,6	723,5	693,2	779,7	721,2	811,75	792,2	934,3	921,0	925,7	896,0
Gew.-Diff.	119,5	123,5	213,9	190,7	205,1	222,3	278,9	266,55	310,65	288,2	337,9	357,4	344,3	350,4

Die Entwicklung verlief bei beiden Geschlechtern bis zum 28 Lebenstage ohne, bis zum 56. Lebenstage ohne wesentliche Differenz. Erst vom 29. 7. 1961, dem 56. Lebenstage bis zum 19. 8. 1961, dem 77. Lebenstage hatten die Hähne der Gruppe A ihr Gewicht von 460 auf 749,2 g erhöht, insgesamt also 189,2 g zugenommen. Im gleichen Zeitabschnitt vergrößerten die Hennen dieser Gruppe ihr Körpergewicht von 432 g auf 629,7 g. Ihre Zunahme betrug also in diesen 3 Wochen in 197,7 g und lag somit um 91,5 g unter der der Hähne.

Vom 19. 8. bis zum 2. 9. 1961, dem 91. Lebenstage, divergierte die Körpergewichtsentwicklung bei beiden Geschlechtern beträchtlich. Die Hähne erhöhten ihr Körpergewicht von 749,2 g auf 924,6 g, also um 175,4 g in 14 Tagen. In dieser Zeit veränderte sich das Körpergewicht der Hennen von 629,7 bis 710,7 g also nur um 81 g. Damit waren die Hennen den Hähnen im Gewichtszuwachs um 94,4 g unterlegen. Vom 2. 9. bis 23. 9. 1961 (91. bis 112. Lebenstag) stieg das Gewicht der Hähne von 924,6 g auf 1122,4 g, also um 197,8 g in drei Wochen an, während sich das Hennengewicht in diesem Zeitraume von 710,7 g auf 811,75 g, also um 101,05 g erhöhte. Somit war die Körperentwicklung der Hennen, der der Hähne im Gewichtszuwachs um 96,75 g unterlegen.

Vom 23. 9. bis zum 21. 10. 61 stieg das Gewicht der Hähne von 1122,4 g auf 1272,2 g, also 149,8 g an, das der Hennen erhöhte sich von 811,75 g auf 934,3 g, nahm also um 122,55 g zu. Die Differenz zwischen den Hähnen und Hennen betrug also nur noch 27,25 g.

Im letzten 7-tägigen Wägeabschnitt vom 21. 10. 1961 bis zum 28. 10. 61 (vom 140. bis 147. Lebenstage) traf bei den Hähnen eine Gewichtsabnahme von 1272,2 auf 1270 g, also um 2,2 g und bei den Hennen eine solche von 924,3 auf 935,7 g, also um 8,6 g ein.

Im Hinblick auf die Körpergewichtsentwicklung der Hähne und Hennen ist eine Betrachtung der Abnahme der Entwicklungsintensität mit zunehmender Lebensdauer und fortschreitender Jahreszeit von Interesse.

Während vom 19. 8. bis 2. 9. 1961, also in einem 14-tägigen Zeitraume die Hähne 175,4 g, die Hennen 81,0 g zunahmen, benötigten sie vom 23. 9. bis zum 21. 10. (vom 112. bis 140. Lebenstage) für eine Gewichtszunahme von 149,8 g bei den Hähnen und von 122,5 g bei den Hennen bereits 28 Tage.

Die Intensität der Gewichtszunahme in der Zeiteinheit hat sich also in dieser Gruppe bei beiden Geschlechtern etwa um die Hälfte verlangsamt.

In der Gruppe B verlief 1961 die Entwicklung des Körpergewichtes bei beiden Geschlechtern vom 14. bis zum 28. Lebenstage ohne wesentliche Unterschiede. Hierin bestand also mit der Gewichtsentwicklung der Gruppe A Übereinstimmung. Vom 8. 7. 1961, dem 28. Lebenstage bis zum 19. 8. 61, dem 70. Lebenstage hatten die Hähne im Gewichtsabschnitt von 136,2 bis 612,6 g, also bei gleichmäßiger Entwicklungsintensität in 42 Tagen 476,5 g zugenommen. In der gleichen Zeitspanne durchliefen die Hennen den Gewichtsabschnitt von 118,8 bis 489,2 g und erzielten eine Gewichtszunahme von 370,4 g. In der Entwicklungsintensität waren sie also den Hähnen um 106,1 g unterlegen.

In der 14tägigen Zeitspanne vom 19. 8. bis zum 2. 9. 1961 (vom 70. bis 84. Lebenstage) erhöhte sich die Zunahme der Hähne von 612,7 bis 833,3 g, also um 220,6 g. Die Hennen befanden sich in diesem Zeitraume im Gewichtsabschnitt von 489,2 bis 642 g, nahmen also 153,4 g in 14 Tagen zu und lagen damit in der Gewichtsentwicklung um 67,2 g unter den Hähnen. Während bei den Hähnen vom 2. 9. bis 23. 9., dem 84. bis 105. Lebenstage ein gleichmäßiger Gewichtsanstieg von 833,3 auf 1080,4, g, also eine Zunahme von 247,1 g zu verzeichnen waren. ließ in diesem Zeitabschnitt bei den Hennen die Intensität der Gewichtsentwicklung schon beträchtlich nach. Ihr Körpergewicht erhöhte sich von 642,6 auf 792,2 g, also um 149,6 g. Somit war die Zunahme bei den Hennen um 97,5 g geringer als bei den Hähnen.

Vom 23. 9. bis zum 21. 10. 1961, also in einer vierwöchigen Periode haben die Hähne ihr Gewicht von 1080,4 bis 1278,4 g, also um 198,0 g erhöht. Die Hennen durchliefen im gleichen Zeitraum den Gewichtsabschnitt von 792,2 g bis 921,0 g, nahmen also nur 128,8 g zu. Ihre Entwicklungsintensität lag in diesem Zeitraume um 69,2 g unter der der Hähne.

Dabei ist zu bemerken, daß bei beiden Geschlechtern trotz der unterschiedlichen Gewichtszunahmen vom 105. bis zum 133. Lebenstage die Entwicklungsintensität im Verhältnis zu dem Lebensabschnitt vom 19. 8. bis 2. 9. 1961, dem 70. bis 84. Lebenstage etwa um die Hälfte nachgelassen hatte.

Während damals von den Hähnen in 14 Tagen ein Gewichtszuwachs von 220,6 g und von den Hennen ein solcher von 153,4 g erreicht wurde, benötigten die Hähne jetzt für 198,0 g Zunahme einen Zeitraum von 4 Wochen, und die Hennen erhöhten ihr Gewicht ebenfalls in 4 Wochen nur um 128,68 g.

Hierin besteht also mit den Tieren der Gruppe A des Jahres 1961 wiederum Übereinstimmung.

Ebenso wie bei Gruppe A wiesen in Gruppe B die Geschlechter im Zeitraume von 21. 10. bis 28. 10. 1961 Gewichtsabnahmen auf, die sich bei den Hähnen auf 32,0 und bei den Hennen auf 25,0 g in 7 Tagen beliefen.

Die Gewichtsdifferenz zwischen den Geschlechtern wird also erst von der vierten Lebenswoche an erwähnenswert.

Sie betrug bei Gruppe B am 8. 7. 1961 17,4 g und am 12. 8. 1961 94,1 g. Vom 12. 8., dem 63. Lebenstage bis zum 2. 9. 1961 dem 84. Lebenstage erhöhte sich die Hahn-Jennen-Differenz von 94,1 auf 190,7 g. Vom 2. 9. 1961 dem 84. Lebenstage bis zum 23. 9. 1961, dem 105. Lebenstage stieg sie von 190,57 auf 288,2 g an.

In den folgenden vier Wochen erhöhte sie sich nochmals auf 357,4 g bis zum 133. Lebenstage, um in der letzten Wägeperiode von 7tägiger Dauer mit 350,4 g etwa in gleicher Höhe zu verbleiben.

Während auch in der Gruppe B die Körpergewichtsentwicklung der Hähne und Hennen mit zunehmendem Lebensalter und voranschreitender Jahreszeit je Zeitabschnitt in der Intensität sich verringerte, hatten die Gewichtsdifferenzen zwischen Hähnen und Hennen in der gleichen Zeitspanne zugunsten der Hähne in dieser Gruppe zugenommen.

Vergleich der Hahnen- und Hennengewichte sowie der Gewichtsdifferenzen zwischen den Geschlechtern in den Jahren 1960 und 1961 (Tab. 5, S.43)

Tabelle 6

Vergleich der Körpergewichte der Hähne und Hennen in den Jahren 1960 und 1961

1. Gruppe A, Gewichte der Hähne und Hennen 1960 und 1961

Jahr	Gruppe A, Hähne		Gruppe A, Hennen	
1960	1 362,5 g	148. Lebenstag 15. 10. 1960	946,6 g	148. Lebenstag 15. 10. 1960
1961	1 270,0 g	147. Lebenstag 28. 10. 1961	925,7 g	147. Lebenstag 28. 10. 1961
Diff. zw. d. Jahren	−92,5 g = 6,7%		−20,9 g = −2,2%	

2. Gruppe B, Gewichte der Hähne und Hennen 1960 und 1961

Jahr	Gruppe B, Hähne		Gruppe B, Hennen	
1960	1 005,0 g	140. Lebenstag 15. 10. 1960	748,6 g	140. Lebenstag 15. 10. 1960
1961	1 246,4 g	140. Lebenstag 28. 10. 1961	896,0 g	140. Lebenstag 28. 10. 1961
Diff. zw. d. Jahren	+241,4 g = +24%		+147,4 g = +19,6%	

3. Gewichtsdifferenz zwischen den Hähnen und Hennen 1960 und 1961

Jahr	Gruppe	Lebenstag	Datum	Gew.-Diff.	Jahr	Gruppe	Lebenstag	Datum	Gew.-Diff.
1960	A	148.	15. 10. 60	415,9 g	1960	B	140.	15. 10. 60	256,4 g
1961	A	147.	28. 10. 61	344,3 g	1961	B	140.	28. 10. 61	350,4 g
				− 71,6 g = −1,7%					− 94,0 g = +36,7%

Auf Grund der unterschiedlichen Einteilung der Wägeperioden in beiden Gruppen und beiden Versuchsjahren können die Gewichtsdifferenzen zwischen den Hähnen und Hennen und zwischen den Jahren nur jeweils an einem Wägetermine mit denen der Versuchstiere des Jahres 1960 verglichen werden.

Bei der Gruppe A liegt dieser Stichtag 1960 am 148. und 1961 am 147. Lebenstage. 1960 konnten die Tiere am 15. 10. 1960 und 1961 infolge eines um 14 Tage späteren Schlupftermines am 28. 10. 1961 im Körpergewicht verglichen werden. 1961 waren die 5 Hähne der Gruppe A um 92,5 g = 6,7% leichter als die gleiche Anzahl Hähne der Gruppe A im Vorjahre. Bei den Hennen betrug 1961 bei 3 Hennen die Gewichtsdifferenz gegenüber den 3 Hennen des Vorjahres nur 20.9 g, d. h., sie waren um 2,2% leichter als die Hennen 1960.

Die Ha-Hennen-Gewichtsdifferenz war in dieser Gruppe 1961 am 148. bzw. im 147. Lebenstage um 71,6 g, d. h., nur 1,7% geringer als 1960.

Die Gruppe B konnte 1960 und 1961 am 140. Lebenstage verglichen werden. Der Termin lag 1960 am 15. 10. 1960 und 1961 am 28. 10. 1961. Die Hähne der Gruppe B waren 1961 241,4 g also 24,0% schwerer als die Hähne des Vorjahres.

1961 übertrafen die Hennen am 140. Lebenstage die Hennen des Vorjahres um 147,4 g, also um 19,6% im Körpergewicht.

Die Hahn-Hennen-Gewichtsdifferenz war 1961 bei Gruppe B um 94,0 g, bzw. 36,7% größer als im Vorjahr.

Das 1961 in Gruppe A bei beiden Geschlechtern festzustellende geringere Körpergewicht ist vermutlich mit dem geringeren Schlupfgewicht und dem etwas späteren Schlupftermine in Zusammenhang zu bringen. Die Hähne waren hiervon in stärkerem Maße betroffen als die Hennen. In Gruppe B hatte das günstigere Schlupfgewicht und die besseren Aufzuchtbedingungen in den ersten Lebenstagen im Jahre 1961 gegenüber den Verhältnissen von 1960 zu einer besseren Gewichtsentwicklung bei beiden Geschlechtern geführt.

Wie bereits erwähnt, konnten die Unterschiede im Körpergewichte der Hähne und Hennen bei 1961 bei Gruppe A bereits am 14. Lebenstage und bei Gruppe B am 21. Lebenstage festgestellt werden.

Dies war 1960 wegen mangelnder Kennzeichnung durch Fußringe bei Gruppe A erst am 85. und bei Gruppe B am 140. Lebenstage möglich. 1960 erstreckte sich die Versuchsperiode allerdings bis zum 154., bzw. dem 162. Lebenstage der Tiere, während diese 1961 aus technischen Gründen (wegen des erwähnten späteren Schlupftermines) um 14 Tage kürzer war und daher die Beobachtungen in diesem Jahre am 147. Lebenstage der Gruppe A bzw. am 140. Lebenstage der Gruppe B abgeschlossen wurden.

Zusammenfassung

In einem 1961 erstmalig mit 2 Versuchsgruppen Fasanen wiederholten Aufzuchtversuche waren bezüglich des Körpergewichts bei beiden Geschlechtern zwischen beiden Versuchsjahren beträchtliche Unterschiede zu verzeichnen.

Auch zwischen dem Schlupf- und den Endgewichten bestanden in beiden Versuchsjahren in beiden Gruppen zum Teil nicht unbeträchtliche Differenzen.

Zur besseren Übersicht sind die Zahlenwerte hierzu in der Tabelle 5 (S. 43) noch einmal zusammenfassend dargestellt.

Obwohl die Fasanen beider Gruppen sowohl im Gruppen ∅ als auch bezüglich der Körpergewichtsentwicklung der Hähne und Hennen Gewichtsunterschiede in den beiden Versuchsjahren von 16 bis 20% aufwiesen, zeigt die graphische Darstellung Nr. 2 der Körpergewichtsentwicklung der jeweils in den beiden Versuchsjahren zu vergleichenden Gruppen A einen in den Tendenz im allgemeinen übereinstimmenden Verlauf.

Der 1961 in beiden Gruppen von der 7. zur 10. Lebenwoche zu beobachtende Gewichtsabfall in den durchschnittlichen Zunahmen steht möglicherweise mit den in dieser Zeitspanne beobachtenden Schwankungen der Temperatur und der Luftfeuchtigkeit im Zusammenhange. (Abb. 4)

Evtl. war 1961 bei der Gruppe A infolge ihres geringen Schlupfgewichtes die Labilität gegenüber klimatischen Belastungen stärker ausgeprägt als bei Gruppe B.

Die um eine Woche jüngere Gruppe B hatte an ihrem 105. Lebenstage die nunmehr 112 Tage alte Gruppe A im Körpergewicht eingeholt.

Zwischen der Gewichtsentwicklung der Hähne und Hennen bestanden 1961 bis zur vierten Lebenswoche in beiden Gruppen übereinstimmende Tendenzen, bis zur 8. Lebenswoche waren keine beträchtlichen Unterschiede vorhanden.

Von der 8. Lebenswoche bis zur 16. Lebenswoche der Gruppe A und zur 15. Lebenswoche der Gruppe B waren in den einzelnen Wägeabschnitten die Hähne den Hennen im Körpergewicht um etwa 90 bis 100 g überlegen.

Vom 4. Lebensmonate an haben sich die Gewichtszunahmen in der Wägeperiode bei beiden Geschlechtern etwa um die Hälfte verlangsamt.

Wie bereits erwähnt, konnten die Unterschiede im Körpergewicht zwischen den Geschlechtern 1961 bereits am 14. bei Gruppe A, und bei Gruppe B am 21. Lebenstage festgestellt werden.

Dies war 1960 wegen mangelnder Kennzeichnung bei Gruppe A erst am 85. und bei Gruppe B am 140. Lebenstage möglich.

Es blieben in dieser Veröffentlichung folgende Fragen ungeklärt:

1. Der Einfluß des Erbgutes der Eltern auf die Jugendentwicklung ihrer Nachkommen.
2. Die Futter- und Nährstoffverwertung in den verschiedenen Altersstadien.
3. Evtl. Geschlechtsunterschiede in der Futter- und Nährstoffverwertung.

Резюме

В повторенном впервые в 1961 г. опыте по выращиванию с двумя подопытными группами фазанов, между годами опытов отмечались у фазанов обоих полов значительные разницы в весе тела. И между живым весом при вылуплении и конечном весе в обеих группах имелись в оба года отчасти значительные разницы.

В этой публикации следующие вопросы остались нерешенными:

1. Влияние наследственности родителей на ювенильное развитие потомства.
2. Использование корма и питательных веществ в различных стадиях возраста.
3. Возможные разницы при оплате кормов и использовании питательных веществ в зависимости от пола.

Summary

At a rearing test with two testing groups of pheasants in 1961 there could be noticed remarkable differences as to the weight of both sexes. Also between the birth- and end-weight there existed remarkable differences between both groups.

Following problems could not be solved:

1. The influence of the hereditary qualities of the parents on the youth development of their children.
2. The food- and nutrient-conversion in the different states of age.
3. Eventual sex differences at the food- and nutrient-conversion.

Literatur

[1] H. BUSSE: Die Körperentwicklung wachsender Jungfasanen. Akademie-Verlag 1961.

Verfasser: Dr. HEINZ BUSSE, Berlin-Pankow, Prenzlauer Promenade 121II.

Aus dem Institut für Kleintierzucht der Martin-Luther-Universität Halle-Wittenberg
(komm. Direktor: Dr. H. BRANDSCH)

H. KETTNER

Unterschiede in der Masseentwicklung[1] eines guten und eines schlechten Volkes

Eingegangen: 12. 2. 1962

Für den Imker, vor allem aber für den Züchter ist es von großem Wert, über die Qualität eines Bienenvolkes und damit gleichzeitig auch über die Güte seiner Königin unterrichtet zu sein, ohne in das Bienenvolk hineinsehen zu müssen. Diese Frage spielt vor allen Dingen dann eine Rolle, wenn die Königin noch jung ist und daher noch kein Leistungsjahr nachweisen kann. Sie ist aber auch überall dort akut, wo Reservevölker oder Reserveköniginnen zur Verfügung stehen und schlechte Königinnen durch sie ersetzt werden sollen. Daher steht hierbei besonders das Problem im Vordergrund, ob an Hand der Winterzehrung auf die relativ gute oder schlechte Entwicklung des Bienenvolkes im Sommer und damit auch auf seinen Honigertrag geschlossen werden kann.

In der Literatur ist darüber verhältnismäßig wenig zu finden, und es gehen auch die hierbei vertretenen Meinungen sehr auseinander. Während KOCH (1942) durch seine Waagstockbeobachtungen zu dem Schluß kommt, daß die Völker, die im Winter viel zehren, sich auch im Sommer nicht auszeichnen, konnte FARRAR (1952) bei seinen Untersuchungen an 416 Völkern feststellen, daß die durchschnittliche Ernte aller Mehrverzehrer um 18,6 Pfd. höher liegt als bei den Völkern, die weniger als der Durchschnitt zehren. Auch BRAUN und GEIGER (1952) beobachteten, daß starke Völker im Herbst zwar eine große Zehrung aufweisen, aber andererseits eine doppelt so gute Ernte wie die herbstschwachen Völker bringen, die weniger zehren, aber auch im Frühjahr schwächer beginnen. Doch weist BRAUN an anderer Stelle (1952) darauf hin, daß zwischen Winterzehrung und der Frühjahrsstärke und dem Honigertrag kein klarer Zusammenhang besteht. Auch JEFFREE (1955) konnte keine Korrelation zwischen Honigernte und Volksstärke aufstellen. PREUSS, zit. von ARMBRUSTER (1919), machte die Erfahrung, daß in den meisten Fällen schnelle Volksentwicklung im Frühjahr und hoher Honigertrag zusammenfallen. HOFMANN (1959) fand unter seinen Umweltverhältnissen, daß am besten die Völker waren, die mit ihrem Brutgeschäft um den 15. 3. oder später begannen.

Material und Methode

Zur Untersuchung dieses Fragengebietes wurden die Waagstockergebnisse von drei Quellen ausgewertet:

a) Auf dem Lehr- und Versuchsbienenstand Lettin des Institutes für Kleintierzucht Halle (Saale) wurden mittels zweier unter den Beuten verschiebbarer Lauf-

[1] Den internationalen Abmachungen gemäß wurde statt „Gewicht" das Wort „Masse" eingesetzt.

gewichtswaagen insgesamt 32 Beuten zum gleichen Termin gewogen. Von diesen Völkern wurden die Waagstockergebnisse während der Zeit vom 1. 10. 1955 bis zum 30. 9. 1959 zu den Untersuchungen herangezogen. Sämtliche Waagstockergebnisse dieser Völker wurden um die gleichzeitig beobachteten Veränderungen der Masse einer leeren Beute korrigiert. Die Völker entwickelten sich alljährlich unter den gleichen Umweltverhältnissen.

b) Aus dem Gebiet der ehemaligen Provinz Sachsen-Anhalt standen die Waagstockergebnisse der imkerlichen Beobachtungsstationen vom 1. 10. 1948 bis zum 30. 9. 1958 zur Verfügung. Es waren dies im Durchschnitt 25—30 Meldungen der Beobachtungsstellen je Dekade. Sämtliche Waagstöcke standen hier unter anderen Umweltbedingungen.

c) Es konnten außerdem die Waagstockergebnisse sämtlicher imkerlicher Beobachtungsstellen in der DDR vom 1. 10. 1958 bis zum 30. 9. 1959 herangezogen werden. Dies waren durchschnittlich 180—220 Meldungen je Dekade. Auch hier waren sämtliche Waagstöcke anderen Umweltbedingungen ausgesetzt.

Die Waagstockergebnisse aus den drei Untersuchungsquellen stellten reine Masseveränderungen dar, da alles, was während der Behandlung der Völker in die Beuten kam oder aus ihnen herausgenommen wurde, gewogen und zur Errechnung der reinen Masseveränderungen berücksichtigt worden war. Zur zeichnerischen Darstellung wurden die Waagstockergebnisse vom 1. Oktober des jeweiligen Jahres an laufend addiert, so daß dann der Endwaagpegelstand der daraus entstehenden Waagstockmassekurve am 30. September des jeweils folgenden Jahres zu suchen war.

Um den Ursachen für die unterschiedlichen Masseentwicklungen bei den einzelnen Völkern nachzugehen, wurden in Lettin zwischen dem 20. 5. und 23. 7. 1958 in 21tägigen Abständen Brut- und Vorratsmessungen vorgenommen. Diese wurden mit Hilfe eines Drahtgitters durchgeführt, dessen qdm-Maschen noch durch 6 Rechtecke gleicher Größe unterteilt waren. Das Gitter wurde bei den Wabenflächen aufgelegt. Sämtliche Waben einer jeden Beute wurden auf ihren Vorder- und Rückseiten durchgemessen. Verstreute Brut- oder Vorratsstellen wurden den Wabenflächen zugerechnet, die nicht völlig die kleinste Rechteckeinteilung des Gitters ausfüllten.

Die Untersuchungen und ihre Ergebnisse

Die Möglichkeit, das Verhältnis zwischen Winterzehrung und Honigertrag zu untersuchen, war nur für das aus Lettin stammende Material gegeben, da hier sämtliche gewogenen Völker unter gleichen Trachtbedingungen standen. Die dabei in den einzelnen Beobachtungsjahren erzielten Korrelationskoeffizienten zeigen folgende Werte:

1955/56 $r = 0{,}13 \pm 0{,}20$
1956/57 $r = 0{,}10 \pm 0{,}19$
1957/58 $r = -0{,}09$
1958/59 $r = -0{,}33 \pm 0{,}16$

Es ist daraus eindeutig zu ersehen, daß keine gesicherte Beziehung zwischen der Winterzehrung und dem Honigertrag eines Bienenvolkes besteht.

Um die Unterschiede zwischen der Masseentwicklung eines guten und eines schlechten Volkes klar herauszustellen, wurden aus allen drei Gruppen des Untersuchungsmaterials die 10 besten und 10 schlechtesten Völker eines bestimmten Jahres herausgezogen und aus ihren Waagstockergebnissen die durchschnittliche Masseentwicklung für die jeweils besten und schlechtesten Völker errechnet. Als Maßstab für die Auswahl der Völker galt der Endwaagpegelstand. Es wurde bei jeder Gruppe des Untersuchungsmaterials ein anderes Jahr ausgewählt, um die Unterschiede auszuschalten, die von Jahr zu Jahr auftreten. Eine Gegenüberstellung der Masseentwicklungen von den beiden Völkergruppen aus den verschiedenen Quellen des Untersuchungsmaterials ist in Abb. 1 aufgeführt. Dabei wurde — um die Masseentwicklungen übersichtlich darzustellen — der Ausgangspunkt der Waagstockkurven von den einzelnen Quellen des Untersuchungsmaterials um jeweils den gleichen Abstand verschoben, so daß am linken Rand der Abbildung die Meßwerte für die Völkergruppen aus Sachsen-Anhalt und Lettin, am rechten Rand für die aus der DDR zu ersehen sind.

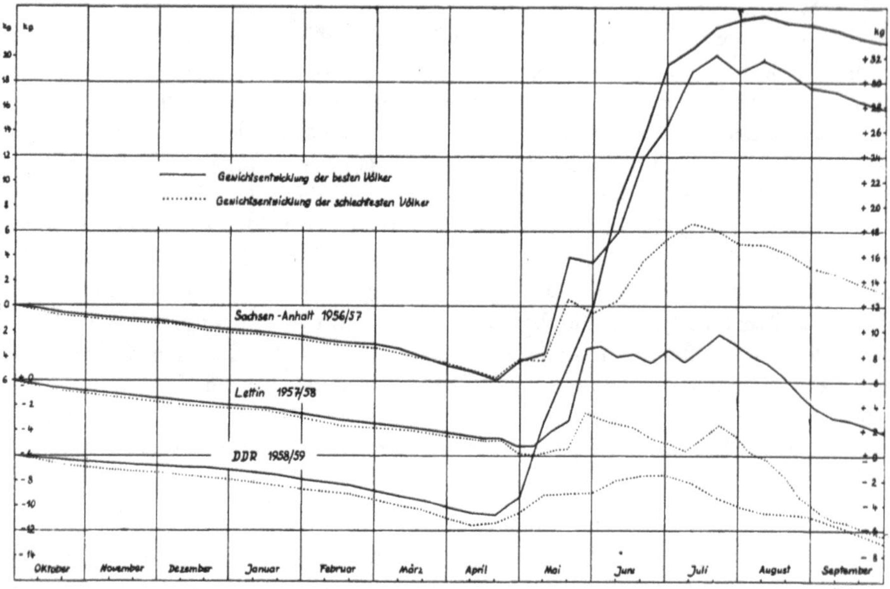

Abb. 1: Durchschnittliche Masseentwicklung der 10 besten und der 10 schlechtesten Völker aus Sachsen-Anhalt 1956/57, Lettin 1957/58 und der DDR 1958/59

Alle drei Gegenüberstellungen zeigen eindeutig, daß der Verlauf der Winterzehrung bei den guten und schlechten Völkern ziemlich gleichmäßig ist, wobei die schlechten Völker geringfügig mehr zehren. Dieser Unterschied ist bereits in der letzten Oktoberdekade zu erkennen und wird bis zum Frühjahr so weitergeführt, ohne sich im allgemeinen zu vergrößern. Durch die etwas größere Zehrung der guten Völker im April unmittelbar vor Beginn der Frühtracht kann sogar eine Überschneidung der Massekurven beider Völkergruppen auftreten, wie aus dem Beispiel von

Sachsen-Anhalt zu ersehen ist. Doch muß man hieraus leider die Schlußfolgerung ziehen, daß an Hand der Winterzehrung kein einwandfreies Urteil über die Güte des Bienenvolkes und die seiner Königin zu fällen ist.

Die Unterschiede zwischen den beiden Völkergruppen machen sich aber mit Beginn der Tracht deutlich bemerkbar. Dabei vergrößern die guten Völker bis zum Ende der Spättracht in ihrer Masseentwicklung fortlaufend den Zwischenraum zu ihren Vergleichspartnern und sind auch — wie in allen drei Kurven deutlich zum Ausdruck kommt — eher in der Lage, geringfügige oder durch Witterungsunbilden unterbrochene Trachten besser auszunutzen als die schlechten Völker. Das Trachtende tritt daher bei ihnen meist etwas später ein, wie vor allem aus den Masseentwicklungen des Materials aus Sachsen-Anhalt und der DDR zu ersehen ist. Die Unterschiede in der Masseentwicklung zwischen guten und schlechten Völkern sind natürlich dort, wo sie wie in Lettin unter gleichen Umweltbedingungen stehen, geringer als dort, wo unterschiedliche Trachtverhältnisse ihren Einfluß verstärkt ausüben, was bei den anderen Materialquellen gegeben ist. Dabei sind notgedrungen bei dem reichhaltigen Material aus der DDR diese Differenzen besonders groß.

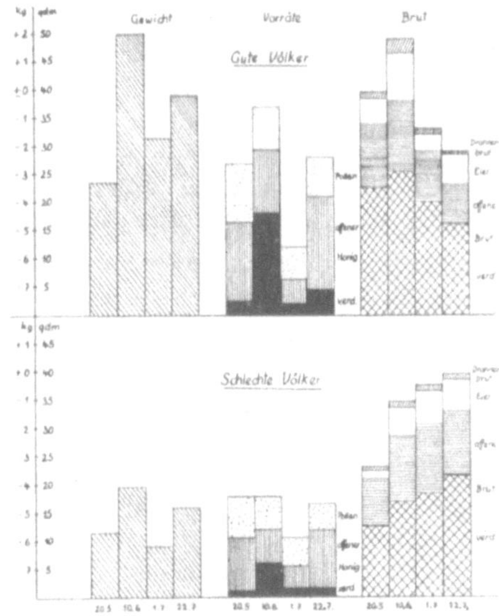

Abb. 2: Mittlere Veränderungen der Masse, der Vorräte und der Brut bei den 10 besten und den 10 schlechtesten Völkern im Sommer 1958 in Lettin

Um zu erkennen, worauf diese Unterschiede in der Masseentwicklung der guten und schlechten Völker zurückzuführen sind, wurden die Ergebnisse der im Sommer 1958 in Lettin durchgeführten Brut- und Vorratsmessungen von den Völkern beider Gruppen zusammengestellt und gemittelt. In Abb. 2 sind die dabei erhaltenen Verhältnisse dargestellt. Die Unterschiede in der Masseentwicklung zwischen beiden Gruppen spiegeln sich in den völlig verschiedenen Größen der Brut- und Vorratsflächen wider. Bereits am 20. 5. findet sich bei den guten Völkern ein bedeutend größerer Vorrat an Honig und Pollen, wobei deren Masseentwicklung einen Vorsprung von etwa 2,5 kg aufweist. Durch die folgende Tracht werden diese Unterschiede noch vergrößert. Nach der Honigentnahme am 26. 6. sind die Vorräte in beiden Völkergruppen etwa gleich groß, doch nutzen die guten Völker die folgende Lindentracht intensiv aus, während bei den schlechten Völkern die Flächen mit verdeckeltem Honig überhaupt nicht, die mit offenem Honig aber bedeutend geringer als bei den guten Völkern anwachsen. Die Pollenflächen nehmen bei den guten Völkern in diesem Zeitraum zu, bei den schlechten Völkern dagegen ab.

Die Unterschiede zwischen beiden Völkergruppen werden aber ganz besonders in einer fast entgegengesetzten Brutentwicklung sichtbar. Am 20. 5. haben die schlechten Völker kaum mehr als die Hälfte an Flächen mit verdeckelter Brut gegenüber denen bei den guten Völkern aufzuweisen, auch ist die Legetätigkeit ihrer Königinnen noch äußerst gering, was an der Größe der Eiflächen zum Ausdruck kommt. Während bei den guten Völkern die Bruttätigkeit am Ende der Haupttracht ihren Höhepunkt erreicht hat und dann laufend abnimmt, ist bei den schlechten Völkern ein ständiges Ansteigen der Brutflächen bis zum Herbst zu verzeichnen. Dabei verursachen Trachtlücken, wie sie zwischen dem 10. 6. und 1. 7. auftraten, bei ihnen keine Bruteinschränkung, während sie bei den guten Völkern eine Verminderung der Eiablage hervorrufen. Bereits am 1. 7. haben die schlechten Völker die guten in der Größe der Brutflächen überholt, und sie erweitern noch bis zum Ende des Monats ihren Vorsprung. Diese größeren Brutflächen erfordern mehr Pollen und Honig, wodurch die Vorräte angegriffen werden, was besonders bei den schlechten Völkern durch die Messungen am 22. 7. sichtbar wurde. Wie weit eine Beziehung zwischen der Volksstärke und der Größe der Brutfläche besteht, kann nach den vorliegenden Untersuchungen nicht beurteilt werden. Schlechte Völker sind aber im Frühjahr meist schwach und können daher auch keine allzu großen Brutflächen beheizen. Daraus läßt sich auch die schlechte Masseentwicklung dieser Völker und ihre geringe Bruttätigkeit während der Frühtracht erklären.

Besprechung der Ergebnisse und Schlußfolgerungen

Die angeführten Ergebnisse zeigen recht eindeutig, daß an Hand der Winterzehrung keine Schlüsse auf die Güte einer Königin und den zu erwartenden relativen Ertrag eines Bienenvolkes zu ziehen sind. Dieses entspricht vollkommen den Beobachtungen BRAUNs (1952) und bestätigt außerdem die Erfahrung vieler Imker, daß ein schwaches Volk ebensoviel an Wintervorrat benötigt wie ein starkes. Will man daher im Frühjahr eine Königin auf ihre Qualität prüfen, muß man entweder die Waagstockentwicklung während der ersten Trachtperiode in Betracht ziehen, wie aus Abb. 1 zu ersehen ist, oder — was wahrscheinlich noch sicherer ist — sich das Brutnest dieser Königin anschauen, wie Abb. 2 zeigt. Die auf Abb. 1 ersichtliche, etwas höhere Zehrung der schlechten Völker in den ersten Wintermonaten kann sicher damit erklärt werden, daß diese Völker mit verhältnismäßig viel Altbienen eingewintert wurden, die dann bis Weihnachten abgingen und ein schwaches Volk zurückließen, das dann im Frühjahr mit der Entwicklung der anderen Völker nicht Schritt halten konnte.

Die Brut- und Vorratsmessungen zeigen erneut, was bereits an anderer Stelle beschrieben wurde (KETTNER 1961), welche enge Beziehung zwischen der Bruttätigkeit und der Waagstockentwicklung eines Bienenvolkes besteht. Dabei läßt sich aus Abb. 2 ersehen, daß die schlechten Völker ihre maximale Volksstärke meist erst erreichen, wenn die Trachtzeit bereits vorbei ist, und sie dann wegen der noch großen Brutflächen verhältnismäßig hohe Abnahmen aufweisen. Die guten Völker haben dagegen bereits vorher ihre Brut eingeschränkt und können daher durch geringe Trachtvorkommen den Abfall in der Waagstockentwicklung noch hinauszögern. Dennoch ist es durchaus wahrscheinlich, daß unter anderen Trachtbedingungen, als sie in Lettin herrschen, die Brut- und Waagstockentwicklung der beiden Völkergruppen anders verläuft. Die beschriebenen Ergebnisse der Brut- und Vorratsmessungen können daher in erster Linie nur als Beispiel für ausgesprochene Frühtrachtgegenden gelten, die im mitteldeutschen Raum allenthalben anzutreffen sind. Auch ist es möglich, daß Völker anderer Rassezugehörigkeit als die in Lettin untersuchten Völker der N-Rasse einen anderen Verlauf in ihrer Bruttätigkeit aufweisen.

Im allgemeinen zeigen die beschriebenen Untersuchungen aber, daß es äußerst schwierig ist, auf Grund der Waagstockentwicklung kleiner Zeitabschnitte etwas über die Qualität einer Königin aussagen zu wollen.

Zusammenfassung

Die Waagstockergebnisse guter Völker wurden denen schlechter Völker in drei Untersuchungsgruppen gegenübergestellt, bei denen die Völker einer Gruppe unter gleichen Umweltbedingungen standen. Den Ursachen für die unterschiedliche Masseentwicklung bei letzteren wurde durch Brut- und Vorratsmessungen nachgegangen. Es zeigte sich, daß in der Zehrung während des Winterhalbjahres kaum ein Unterschied zwischen den guten und schlechten Völkern besteht. Erst bei Einsetzen der Tracht traten diese Unterschiede auf, deren Ursachen in unterschiedlicher Bruttätigkeit und Volksstärke zu suchen sind.

Резюме

Результаты взвешивания ульев хороших и плохих семей сопоставлялись в исследованиях по трем пчелиным группам, причем семьи одной группы находились в одинаковых условиях внешней среды. Путем измерения расплода и запаса пытались установить причины различного развития в весе. Оказалось, что в израсходовании запасов в течение зимнего полугодия почти ние было разницы между хорошими и плохими семьями. Эти разницы, причину которых надо искать в различной откладке яиц маткой и в неодинаковам размере семей, появились лишь с наступлением медосбора.

Summary

The hive-weighing results of good swarms have been confronted with the ones of bad colonies at three examination groups, where colonies of one group had the same conditions. The reasons of the different development of mass of the last ones have been researched by brood- and provision-measuring. It was noticed that there is no difference between the good and bad colonies as tho the waste during the winter-time. Only at the beginning of the nectar-flow these differences appeared whose causes could be of und in the different breeding activity and the strength of the colony.

Literaturverzeichnis

[1] ARMBRUSTER, L.: Emil Preuß und die Bienenkunde. Arch. Bienenk. 1919, **1**, 34—62.

[2] BRAUN, E.: Cellar versus Outside wintering in the North. Amer. Bee J. 1952, **92**, 422; ref. in Arch. Bienenk. 1953, **30**, 117.

[3] BRAUN, E. u. J. E. GEIGER: Etudes sur les causes et les conditions des pertes hivernales. Gazette Apicole 1952, **52**, 268; ref. in Arch. Bienenk. 1953, **30**, 117.

[4] FARRAR, C. L.: Ecological studies on overwintered honey bee colonies. J. econ. Ent. 1952, **45**, 445—449.

[5] HOFMANN, C. S.: Das Waagstockvolk brachte 436 Pfund. Die Biene 1959, **95**, 303—304.

[6] JEFFREE, L. P.: Observations on the Decline and Growth of Honey Bee Colonies. J. econ. Ent. 1955, **45**, 723—726.

[7] KETTNER, H.: Versuch einer Analyse der Waagstockergebnisse in ihrer Abhängigkeit von Witterungseinflüssen, Trachtverhältnissen und betriebswirtschaftlichen Faktoren. Kühn-Arch. 1961, **75**, 261—349.

[8] KOCH, K.: Das Bienenvolk und seine Pflege. Berlin 1942.

Verfasser: Dr. H. KETTNER, Leipzig O 39, Thiersckstr. 3.

Buchbesprechung

H. LISIECKI: **Die Nerzzucht.**

Der polnische Landwirtschaftsverlag hat mit diesem 336 Seiten starken Fachbuch ein modernes Nachschlagwerk über alle Fragen der Nerzzucht herausgegeben.

Die neuen Ergebnisse der Wissenschaft und Praxis aller Länder sind mit großem Fleiß hineingearbeitet worden. In seiner Ausführlichkeit übertrifft es bei weitem das neue „Handbuch für Pelztierzucht" des VEB Deutscher Landwirtschaftsverlag, in welchem die Nerzzucht einen allerdings bedeutenden Abschnitt einnimmt.

Leider wird in den Abschnitten „Geschichte' und „Bedeutung der Nerzzucht" fast nichts über die gewaltige Ausbreitung der Nerzzucht in der SU und auch in der DDR gesagt, die einen sehr hohen Leistungsstand erreicht haben. Wir lesen auch nichts über die Wiederbelebung des internationalen Fellhandels am Brühl in Leipzig mit seinen bedeutenden Fellauktionen. Der Abschnitt „Zuchtanlagen" entspricht noch nicht dem internationalen Stand im Gehege- und Schuppenbau, sowie in der Mechanisierung der Fütterungs- und Pflegearbeiten.

Sehr wertvoll sind die Abschnitte „Gestalt und Haarkleid des Nerzes" und „Nerzabarten". Die Genetik, insbesondere die treffende Beschreibung aller neuen Nerzrassen liegen bisher im Fachschrifttum der DDR nicht vor.

Seiner Bedeutung für die Zucht entsprechend nimmt die Beschreibung der Nerzfütterung einen sehr großen Raum ein. Sie bringt ein vollständiges Bild über Ernährungsgrundlagen, Chemie der Futtermittel, Futtermittelkunde, Nährstoffbedarf, Futterberechnung, Zubereitung des Futters, Konservierungsmethoden und Fütterungstechnik.

Derart zusammengefaßt fehlt bisher in deutschsprachigem Schrifttum die Abhandlung dieses wichtigen Gebietes.

Der Inhalt des Buches zeigt eine große Sachkenntnis des Autors. Die fachliche Richtigkeit muß in allen Punkten bestätigt werden, wenn wir auch in einigen Fragen eine andere Meinung vertreten.

Das Buch ist klar gegliedert. Vermißt wird die Information über Arbeitsorganisation, Entlohnung und Prämien, Wettbewerb, Planziele in genossenschaftlichen und staatlichen Betrieben.

Das Bildmaterial ist klar in seiner Aussagekraft, nur mit insgesamt 69 Abbildungen zu gering. Wir würden uns für ein derart umfassendes Werk ca 150 bildliche Darstellungen wünschen.

Dieses Buch stellt trotz aller Einzeleinschränkungen eine große Bereicherung des eutopäischen Schrifttums auf dem Gebiet der Pelztierzucht dar.

Die Überarbeitung und Herausgabe dieses Buches in deutscher Sprache würde für die fachliche Weiterbildung unserer Züchter bzw. als Lehrbuch für angehende Fachleute oder als Informationsquelle für Interessierte große Bedeutung haben. RECK

Lehrbuch der Geflügelzucht von Prof. Dr. Alfred MEHNER, Direktor der Bundesforschungsanstalt für Kleintierzucht, Celle 1962, 531 Seiten mit 152 Abbildungen, Ganz auf Kunstdruckpapier, Hamburg und Berlin: Verlag Paul Parey.

Angesichts der Entwicklung moderner Zuchtmethoden bei der Umgestaltung der Geflügelwirtschaft in spezialisierte Massenproduktionsbetriebe ist die vorstehende Neuerscheinung sehr zu begrüßen. Verfasser legt auf der Grundlage einer Fülle neuester wissenschaftlicher Erkenntnisse im Weltstand die sich hieraus für die Praxis ergebenden Schlußfolgerungen dar. Nach einer einleitenden Abhandlung über die volkswirtschaftliche Bedeutung der Geflügelzucht und Stellung der Geflügelhaltung als landwirtschaftlicher Betriebszweig wird die Züchtung des Haushuhnes und Truthuhnes einschließlich einer systematischen Übersicht über die Züchtungsmethoden abgehandelt. Des weiteren erfahren Brut, Aufzucht, Mast, Fütterung, Vitaminierung nach neuesten Forschungsergebnissen, sowie modernste technologische Belange, Verwendung und Verarbeitung der Endprodukte gebührende Beachtung, wie sie die fortschrittliche Entwicklung erfolgreicher Eier- und Geflügelfleischproduktionsstätten erfordern. Es ist dem Verfasser gelungen, die neuen Forschungsergebnisse in praktischer Darstellung zu vermitteln. Es handelt sich somit um ein Lehrbuch, das erhöhte Ansprüche mit praktischen Maßnahmen verbindet und somit dem Interessentenkreis aus Praxis und Wissenschaft in hohem Maße gerecht wird. LÜTZENBERG

Titel der im Landwirtschaftlichen Zentralblatt Heft 6/1961 referierten Arbeiten auf dem Gebiet der speziellen Kleintierzucht

Ziegen

System-Nr.

A. O. TANTAWY und I. A. AHMED: **Studien an ägyptischen Baladi-Ziegen. I. Mitt. Die Häufigkeit von Mehrlingsgeburten und das Geschlechtsverhältnis.** (Studies in Egyptian Baladi goats. I. Frequency of multiple births ans sex rates.) (Empire J. exp. Agric. **28.** 74—82. Jan. 1960. Alexandria, Egypt, U. A. R., Univ., Fac. of Agric.) 4530

I. A. AHMED und A. O. TANTAWY: **Studien an ägyptischen Baladi-Ziegen. 2. Mitt. Einige Faktoren, die die Sterblichkeitsrate beeinflussen.** (Studies on Egyptian Baladi goats. II. Some factors affecting mortality rate.) (Empire J. exp. Agric. **28.** 104—08. Apr. 1960. Alexandria, Egypt, U. A. R., Univ., Fac. of Agric.) 4530

J. SOMMERFELD: **Ergebnisse einer Kreuzung zwischen afrikanischem Zwergziegenbock und brauner deutscher Edelziege.** (Dtsch. Kleintier-Züchter, gemischte Ausg. **69.** Nr. 23. 8—10. 15/8. 1960. Celle, Bundesforschungsanst. für Kleintierzucht.) 4550

M. SHELTON: **Die Beziehung zwischen der Gesichtsbehaarung und dem Vliesgewicht, dem Körpergewicht und der Fortpflanzungsfähigkeit bei Angora-Ziegen.** (The relation of face covering to fleece weight, body weight and kid production of Angora does.) (J. Animal Sci. **19.** 302—08. Febr. 1960. Texas Agric. Exp. Stat.) 4590

Geflügel

A. MEHNER: **Der Stand der Leghornzüchtung in den USA.** (Züchtungskunde **31.** 250—60. Juni 1959. Celle, Bundesforschungsanstalt für Kleintierzucht.) 4608

L. R. CHAMPION: **Geschlechtsverhältnisse in zwei Leghornlinien und ihren reziproken Kreuzungen.** (Sex. rations in two strains of leghorn and their reciprocal crosses.) (Poultry Sci. **39.** 876—81. Juli 1960. East Lansing, Michigan State Univ., Dep. of Poultry Sci.) 4660

C. M. HUNTSMAN, F. N. JEROME und E. S. SNYDER: **Beziehung zwischen Farbphänotypen und der Anwesenheit von schwarzem Melanin im Abdomen von Broilerküken. 2. Mitt.** (The relationship between color phenotypes and the presence of black melanin in the abdomen of broiler chickens: study 2.) (Poultry Sci. **39.** 882—86. Juli 1960. Guelph, Ontario Agric. Coll., Poultry Dep.) 4660

A. W. NORDSKOG, L. T. SMITH und R. E. PHILLIPS: **Heterosis beim Geflügel. 2. Mitt. Ein Vergleich von allgemeinen Kreuzungen mit Kreuzungen von Inzuchtlinien.** (Heterosis in poultry. II. Crossbreds versus top-crossbreds.) (Poultry Sci. **38.** 1372—80. Nov. 1959. Ames, Iowa, Iowa State Univ., Dep. of Poultry Husbandry.) 4660

J. F. HILL und A. W. NORDSKOG: **Heterosis beim Geflügel. 3. Mitt. Vorhersage der Kombinationseignung hinsichtlich der Leistungseigenschaften der Kreuzungstiere.** (Heterosis in poultry. III. Predicting combining ability of preformance in the crossbred fowl.) (Poultry Sci. **37.** 1159—69. Sept. 1958. Ames, Iowa State Coll., Dep. of Poultry Husbandry.) 4660

E. GOTO und A. W. NORDSKOG: **Heterosis beim Geflügel. 4. Mitt. Schätzung der Varianz für Kombinationseignung aus diallelen Kreuzungen und Inzuchtlinien beim Huhn.** (Heterosis in poultry. IV. Estimation of combining ability variance from diallel crosses of inbred lines in the fowl.) (Poultry Sci. **38.** 1381—88. Nov. 1959. Ames. Iowa, State Univ., Dep. of Poultry Husbandry.) 4660

A. W. NORDSKOG und R. E. PHILLIPS: **Heterosis beim Geflügel. 5. Mitt. Reziproke Kreuzungen zwischen Leghorn, schweren Rassen und Fayoumi.** (Heterosis in poultry. V. Reciprocal crosses involving Leghorns, heavy breeds and Fayoumi.) (Poultry Sci. **39.** 257—63. März 1960. Ames, Iowa State Univ., Dep. of Poultry Husbandry.) 4660

R. JARDINE: **Genetische Abdrift in Standardlinien beim Geflügel.** (Genetic drift in poultry control strains.) (Poultry Sci. **39.** 873—76. Juli 1960. Melbourne, Australia, Dep. of Agric.) 4660

B. L. GOODMAN und R. G. JAAP: **Erhöhung der Genauigkeit von Heritabilitätsschätzungen auf Grund dialleler und trialleler Paarungen beim Geflügel. 1. Mitt. Das Achtwochengewicht innerhalb geschlossener Herden.** (Improving accuracy of heritability estimates from diallel and triallel matings in poultry. I. Eight-week body

System.-Nr.

weight in closed-flock strains.) (Poultry Sci. **39**. 938—44. Juli 1960. Ohio Agric. Exp. Stat.) 4660

B. L. GOODMAN und R. GEORGE JAAP: **Erhöhung der Genauigkeit von Heritabilitätsschätzungen auf Grund dialleler und trialleler Paarungen beim Geflügel. 2. Mitt. Gewicht der Milz und der Bursa Fabricius in einer Population mit Zufallspaarung.** (Improving accuracy of hertability estimates from diallel and triallel matings in poultry. II. Weight of spleen and bursa of fabricius in a randombred population.) (Poultry Sci. **39**. 944—49. Juli 1960. Ohio Agric. Epx. Stat.) 4660

S. E. MOYER und W. M. COLLINS: **Der Erblichkeitsgrad der Gelbfärbung der Läufe bei Kreuzungs-Broilern.** (Heritability of intensity of yellow shank pigmentation in cross-bred broiles chickens.) (Poultry Sci. **39**. 662—63. Mai 1960) 4660

J. P. C. SMITH: **Nützliche Buchführungssysteme für Geflügelfarmen.** (Useful recording systems for poultry farms.) (Agric. Gaz. New South Wales **70**. 146—49. März 1959. New South Wales, Dep. of Agric.) 4667

R. N. MACINDOE: **Die Haltung von Geflügelherden.** (Poultry flock maintenance.) (Agric. Gaz. New South Wales **70**. 150—54. März 1959. New South Wales, Dep. of Agric.) 4667

E. NAUJOK: **Die Zusammenstellung der Zuchtstämme in den Hühner-Herdbuchzuchten.** (Tierzucht **14**. 456—57. Okt. 1960.) 4668

WLADIMIR NIKOLOW TOMOW: **Gebrauchskreuzung der Hühner — eine wichtige Reserve zur Leistungssteigerung in der Geflügelzucht.** (In russisch.) 4669

A. MAUCH und A. PĂDURARU: **Die Leistungen der Hühner aus der Gebrauchskreuzung zwischen Leghorn × Rote Rhodeländer.** (Productivitatea metisilor industriali Leghorn × Rhode Island.) (Lucrările ştiinţ. Inst. Cercetări zootehn. **16**. 535—40.; 1958.) 4669

E. M. FUNK und JAMES FORWARD: **Der Einfluß der Aufbewahrungstemperatur auf die Schlupffähigkeit von Hühnereiern.** (Effect of holding temperature on hatchability of chicken eggs.) (Univ. Missoure, Coll. Agric., agric. Exp. Stat., Res. Bull. 1960. Nr. 732. 1—12). 4674

WALTER A. BECKER: **Die Lagerung von Bruteiern und das Körpergewicht der Küken nach dem Schlüpfen.** (The storage of hatching eggs and the post-hatching body weights of chickens.) (Poultry Sci. **39**. 588—90. Mai 1960.) 4674

HELENA KAMIŃSKA: **Der Einfluß der Abkühlung von Eiern während der Bebrütung auf die Entwicklung der Küken.** (In Poln., zus. in Russ., Engl.) 4676

VLADIMIR PETER: **Über die Wirkung von Luzernesilage auf die Leistung und Gesundheit der Legehennen.** (In tschechisch, zus. in Russ., Dtsch.) 4688

ALEXI DIMOW: **Mast von New Hampshire- und New Hampshirekreuzungshähnchen.** (In Bulg.) (Tierzucht (Sofia) **14**. Nr. 8. 31—32. Aug. 1960. Widin, Bulgarien, Zentr. Versuchssta.) 4690

D. F. BRAY, S. C. KING und V. L. ANDERSON: **Die Geschlechtsreife als Maßstab der Legeleistung.** (Sexual maturity and the measurement of egg production.) (Poultry Sci. **39**. 590—601. Mai 1960. Lafayette, Ind., Purdue Univ., Agric. Exp. Stat.) 4700

K. N. MAY und W. J. STADELMAN: **Die Einflußnahme einiger Faktoren auf die Bestandteile der Eier legender Hennen.** (Some factors affecting componentes of eggs from adult hens.) (Poultry Sci. **39**. 560—65. Mai 1960. Athens, Ga. Univ.; Lafayette, Ind., Purdue Univ., Dep. of Poultry Sci.) 4700

J. R. CARSON, B. F. BACON, GEOFFREY BEALL und F. A. RYAN: **Rassenunterschiede beim Huhn hinsichtlich der Beziehung zwischen Brutlust und Legeleistung.** (Breed differences in the relationship between broodiness and egg production in the chicken.) (Poultry Sci. **39**. 538—44. Mai 1960.) 4700

VITEZSLAV OREL: **Das Verderben von Eiern nach Infektion mit Pseudomonas und verschiedene Methoden zu seiner Verhinderung.** (The spoilage of eggs infected by pseudomonas bacteria and different methods of preservation.) (Poultry Sci. **38**. 1302 bis 08. Nov. 1959. Brno, CSSR, Res. Inst. for Milk and Eggs.) 4700

REED S. HANSEN und WALTER A. BECKER: **Fütterungsplatz, Populationsdichte und Wachstum von Junghühnern.** (Feeding spac, population density and growth of young chickens.) (Poultry Sci. **39**. 654—61. Mai 1960.) 4707

DAVID WATKINSON: **Legehennenhaltung auf Drahtboden.** (Wire floors for layers.) (Agriculture (London) **67**. 132—34. Juni 1960. Lacock Wilts.) 4707

System-Nr

A. I. SSAMOLJOTOW und A. M. KARAWAJEW: **Käfighaltung von Legehennen im Geflügelkombinat Tomilino.** (In Russ.) (Geflügelzucht 10. Nr. 8. 6—10. Aug. 1960. Tomilino, Gebiet Moskau, Geflügelkombinat.) 4707

A. POPOW, E. KEGELES und A. OSADTSCHUK: **Mechanisierte Hühnerhaltung in großräumigen Ställen.** (Int. Z. Landwirtsch. 1960. Nr. 2. 137—46. UdSSR, Ukrain. Forschungsinst. für Geflügelzucht.) 4707

MARTIN SHERMAN und ERNEST ROSS: **Die Toxicität des Hühnerkotes von mit Insekticiden versetztem Futter auf die Larve der Hausfliege.** (Toxicity to hous fly larvae of droppings from chickens fed insecticide-treated rations.) (J. econ. Entomol. 53. 429—32. Juni 1960.) 4708

JOHN SKINNER: **Einschränkung des Kannibalismus beim Geflügel.** (Controlling cannibalism in poultry.) (Univ. Nebraska Coll. Agric., agric. Exp. Stat., Circ. Nr. E. C. 1436. 7 Seiten. 1959.) 4710

O. SIEGMANN und V. v. BÜLOW: **Weitere Untersuchungen über die Eignung von Hygromycin B. zur Bekämpfung von Geflügelhelminthen.** (Dtsch. tierärztl. Wschr. 67. 470—74. 1/9. 1960. Celle, Bundesforschungsanst. für Kleintierzucht.) 4710

Gänse

Z. CH. RUUS: **Über Fortpflanzungsbiologie der Gänse.** (In Russ.) (Geflügelzucht 10. Nr. 8. 23—28. Aug. 1960. Estn. Landwirtsch. Akad.) 4810

Kaninchen

WALTER SCHLEGEL: **Gedanken zur Mastkaninchenzucht in Österreich** (Österr. Kleintierzüchter 15. 171—72. Nov. 1960.) 5252

GIANCARLO GERI: **Untersuchungen über die Ernährung und die Produktivität des Kaninchens.** (Ricerche su l'alimentazione e la produttivita de l coniglio.) (Ann. Sperimentaz. agrar. 12. 1045—92. 1958. Firenze, Univ., Lab. di Zootecn.) 5265

OTTO-KARL WEBER: **Der Einfluß unterschiedlicher Fütterungsintensität auf Gewichtsentwicklung, Gesundheit und Fruchtbarkeit von Kaninchen.** (Diss. Humboldt-Univ. Berlin, Veterin.-Med. Fak., Inst. für Tierzucht 1960.) 5265

FRIEDRICH JOPPICH: **Das Kaninchen.** (Berlin: Deutscher Bauernverlag 1959.) —

Pelztiere

RECK: **Wie vermeide ich die Krummspitzigkeit der Grannenhaare bei Nerzen?** (Kleintierzüchter 1. Nr. 20. 15—16. 2. Okt.-H. 1960. Dummerstorf, Inst. für Tierzuchtforschung der Dtsch. Akad. der Landwirtsch.-Wiss. zu Berlin.) 5302

ANONYM: **Ist unsere Fütterungsarbeit noch verbesserungsbedürftig?** (Dtsch. Pelztierzüchter 34. 203—06. 1/11. 1960.) 5302

KARL-HEINZ SCHULENBURG: **Was jeder Nerzzüchter über die Virus-Enteritis des Nerzes wissen muß.** (Dtsch. Pelztierzüchter 34. 201—03. 1/11. 1960.) 5302

A. PRIESNER: **Chinchillazucht in Österreich?** (Fortschr. Landwirt (Gras) 38. 1—2. 1960.) 5318

Bienen

LUDWIG ARMBRUSTER: **Über alte Bienenzucht in Irland und Wales. 1. Mitt. Alt-Irische Gesetze.** (Arch. Bienenkunde 35. 42—50. 1. Halbjahrh. 1958.) 5404

LUDWIG ARMBRUSTER: **Über alte Bienenzucht in Irland und Wales. 2. Mitt. Die alten Gesetze von Wales.** (Arch. Bienenkunde 37. 39—48. 1. Hahlbjahrh. 1960.) 5404

W. SCHWEISHEIMER: **Bienen und Honig in Amerika.** (Bienenwelt (Graz) 3. 16—17. Jan. 1961.) 5406

M. I. SCHABARDIN: **Südländische Bienen in nördlichen Gebieten.** (In Russ.) (Bienenzucht 37. Nr. 9. 8—9. Sept. 1960. Kirow, Gebiet Kirow, Verwalt. für Gartenbau und Bienenzucht.) 5406

ROGER A. MORSE: **Die Anzahl der wilden Bienen im Nordosten der USA.** (The abundance of wild bees (Apoidea) in the Northeastern United States.) (J. econ. Entomol. 53. 679—80. Aug. 1960. Ithaca, N.Y., Corenll Univ.) 5406

LADISLAUS PINTER: **Die ungarische Bienenzucht.** (Schweiz. Bienenzeitung (N. F.) 83. 492—501. Nov. 1960). 5406

FRIEDRICH RUTTNER: **Die Carnica in der Bienenwirtschaft.** (Dtsch. Bienenwirtsch. 11. 229—37. 1960.) 5410

System-Nr.

G. A. AWETISJAN: **Einige Probleme der Entwicklungsgeschichte, der geographischen Verteilung, des Schutzes und der Nutzung einzelner Honigbienen-Arten und -Rassen.** (Dtsch. Bienenwirtsch. **10.** 75—76. Apr. 1959.) 5410

ADAM: **Die Bienenrassen Kleinasiens.** (Dtsch. Bienenwirtsch. **10.** 74—75. Apr. 1959.) 5410

HERMANN APPEL: **Interessantes über die staatenbildenden Bienen Indiens.** (Westfl. Bienenztg. **72.** 200—02. Juli 1959. Werste.) 5415

I. WOYKE: **Die Ursachen mehrmaliger Hochzeitsflüge der Königinnen.** (Dtsch. Bienenwirtsch. **10.** 78. Apr. 1959. Polen.) 5425

M. DELIA ALLEN: **Respirationsraten der Larven von Drohnen und Arbeiterinnen der Honigbiene, Apis mellifera L.** (Respiration rates of larvae of drone and worker honey bees, Apis mellifera L.) (J. econ. Entomol. **52.** 399—402. Juni 1959. Aberdeen, Scotland, Marischal Coll., Bee Res. Dep.) 5425

I. A. LEWTSCHENKO: **Reflexe der Bienen auf die Entfernung.** (In Russ.) (Bienenzucht **37.** Nr. 9. 11—12. Sept. 1960. Kanew, Gebiet Tscherkassy.) 5425

R. JORDAN: **Über die Behandlung geschwefelter Waben.** (Bienenvater (Wien) **81.** 311—13. Nov. 1960. Wien, Bundesanst. für Bienenkunde.) 5430

M. HUNKELER: **Von unserer Rassenzucht im Jahre 1960.** (Schweiz. Bienen-Ztg. (N. F.) **84.** 12—15. Jan. 1961). 5455

KIRIL LASAROW: **Über die Qualität der Bienenköniginnen.** (In Russ.) (Bienenzucht (Sofia) **6.** Nr. 3. 10—14. März 1960.) 5460

E. BRAUN: **Der Einfluß des Drohns.** (Dtsch. Bienenwirtsch. **10.** 66—69. Apr. 1959. Weingarten bei Ravensburg.) 5470

FRIEDRICH RUTTNER: **Die künstliche Besamung der Bienenkönigin. 2. Mitt.** (Dtsch. Bienenwirtsch. **10.** 257—60. Nov. 1959. Lunz am See, Niederösterr., Bundesanst. für Bienenkunde, Außenstelle.) 5480

FRIEDRICH RUTTNER: **Die künstliche Besamung der Bienenkönigin. 3. Mitt.** (Dtsch. Bienenwirtsch. **10.** 277—79. Dez. 1959. Lunz am See, Niederösterr., Bundesanst. für Bienenkunde, Außenstelle.) 5480

A. N. SSITKEWITSCH: **Stocknässe während der Überwinterung.** (In Russ.) (Bienenzucht. **37.** Nr. 9. 9—11. Sept. 1960. Wolks, Gebiet Saratow.) 5485

HANS RUTTNER: **Die Futterdose in der Praxis.** (Bienenvater (Wien) **81.** 297—98. Okt. 1960.) 5494

HELMUT FREUDENSTEIN: **Einfluß der Pollennahrung auf das Bauvermögen, die Wachsdrüsen und den Fettkörper der Honigbiene (Apis mellifera L.)** (Zool. Jb., Abt. allg. Physiol. Tiere **69.** 95—124. 15/7. 1960. Marburg/Lahn, Lehr -und Versuchsanst. für Bienenzucht.) 5494

N. N. KUKSSENKO: **Die Wirkung der Antibiotica auf die physiologischen Eigenschaften der Bienen.** (In Russ.) (Bienenzucht **37.** Nr. 9. 17—18. Sept. 1960. Moskau, Univ.) 5494

MYKOLA H. HAYDAK: **Der Vitamingehalt des Königinnenfuttersaftes normal ernährter und mit Pollenersatz gefütterter Bienenvölker.** (Vitamin content of royal jelly from honey bee colonies fed normal diet and from those fed pollen substitutes.) (Ann. entomol. Soc. America **53.** 695. Sept. 1960. St. Paul, Univ. of Minnesota, Inst. of Agric., Dep. of Entomol. and Econ. Zool.) 5494

N. A. CUTTS: **Die Erzeugung von Weiselfuttersaft.** (The production of royal jelly.) (Agric. Gaz. New South Wales **70.** 190—93. Apr. 1959. New South Wales, Australia, Dep. of Agric.) 5496

W. N. ANFEROWA: **Kultur der Quirligen Salbei.** (In Russ.) (Bienenzucht **37.** Nr. 9. 42—44. Sept. 1960. Ufa, Baschkir. Forsch.-Inst. für Landwirtsch.) 5530

M. W. TSCHERNYSCHOW: **Gumi — eine Beeren- und Trachtpflanze im Sachaliner Gebiet.** (In Russ.) (Bienenzucht **37.** Nr. 9. 44—45. Sept. 1960. Sachalin-Abt. der Geograph. Ges. der UdSSR.) 5530

A. A. WJASOW: **Lavendel und Lavendin.** (Bienenzucht **37.** Nr. 9. 41—42. Sept. 1960. Nikita, Jalta, Bot. Garten.) 5530

JE. I. BELOSJOROWA: **Bienen erhöhen den Ertrag des Winterrapses.** (In Russ.) (Bienenzucht **37.** Nr. 9. 38—40. Sept. 1960. Ukrain. Versuchsstat. für Bienenzucht.) 5530

W. KLOFT: **Unsere Honigtau-Erzeuger. 1.—4. Mitt.** (Dtsch. Bienenwirtsch. **9.** 105 bis 07. Juni; 127. Juli; 175—76. Sept. 1958; **10.** 12—13. Jan. Würzburg.) 5530

W. KLOFT: **Unsere Honigtau-Erzeuger. 5.—7. Mitt.** (Dtsch. Bienenwirtsch. **10.** 71—72. Apr. 1959; **11.** 84—86.; **11.** 141—142. Juni 1960.) 5530

System-Nr.

T. PALMER-JONES: **Der Einfluß einiger chemischer Unkrautbekämpfungsmittel auf die Honigbienen.** (Effect on honey bees of some chemical weedkillers.) (New Zealand J. agric. Res. **3.** 485—90. Juni 1960. Wallaceville, Dep. of Agric.) 5555

IVO TOMAŠEC: **Medikamentöse Behandlung bei Bienenkrankheiten.** (Bienenwelt (Graz) **2.** 229—36. Nov. 1960, Zagreb, Univ., Veterin. Fak.) 5560

E. A. POTEIKINA: **Der physiologische Zustand der Bienen im Herbst und ihre Lebensdauer bei Nosematose.** (In Russ.) Bienenzucht **37.** Nr. 9. 18—19. Sept. 1960. Perm, RSFSR, Staatl. Landwirtsch. Versuchsanst.) 5655

ANONYM: **Auszug aus dem Bericht über die Tätigkeit des Deutschen Imkerbundes e. V. 1959/60,** vorgelegt anläßlich der Vertreterversammlung am 23. September 1960 in Coburg. (Dtsch. Bienenwirtsch. 11. 245—59. Okt. 1960.) 5590

Pedixianer
Eine neue Rasse? – Nein!
Ungezieferfreies Geflügel
durch Pflege mit
Pedix
Erhältlich im Fachhandel
VEB FETTCHEMIE · KARL-MARX-STADT

www.ingramcontent.com/pod-product-compliance
Lightning Source LLC
LaVergne TN
LVHW091730021026
849161LV00003BB/535